François Ste

Observance des Mesures Hygiéno-diététiques chez les Diabétiques

François Stephan Tcheutchoua Noule

Observance des Mesures Hygiéno-diététiques chez les Diabétiques

Cas des Diabétiques de Type 2 du Centre National D'obésité de L'hôpital Central de Yaoundé Cameroun

Éditions universitaires européennes

Impressum / Mentions légales

Bibliografische Information der Deutschen Nationalbibliothek: Die Deutsche Nationalbibliothek verzeichnet diese Publikation in der Deutschen Nationalbibliografie; detaillierte bibliografische Daten sind im Internet über http://dnb.d-nb.de abrufbar.

Information bibliographique publiée par la Deutsche Nationalbibliothek: La Deutsche Nationalbibliothek inscrit cette publication à la Deutsche Nationalbibliografie; des données bibliographiques détaillées sont disponibles sur internet à l'adresse http://dnb.d-nb.de.

Coverbild / Photo de couverture: www.ingimage.com

Verlag / Editeur:
Éditions universitaires européennes
ist ein Imprint der / est une marque déposée de
OmniScriptum GmbH & Co. KG
Heinrich-Böcking-Str. 6-8, 66121 Saarbrücken, Deutschland / Allemagne
Email: info@editions-ue.com

Herstellung: siehe letzte Seite /
Impression: voir la dernière page
ISBN: 978-3-8417-3891-2

Remerciements

Aux hautes intenses de l'université Senghor, pour l'opportunité de formation qu'ils m'ont offerte.

Au Dr Christian MESENGE, Directeur du Département Santé de l'Université Senghor, pour son appui permanent, ses conseils et ses orientations tout au long de cette formation.

Aux autorités administratives de l'Hôpital Central de Yaoundé, pour avoir formalisé les accords de ma mise en stage professionnel.

Au Pr MBANYA Jean Claude, Directeur du Centre National d'Obésité de l'Hôpital Central de Yaoundé, pour avoir accepté de m'accueillir dans cette structure, pour le stage professionnel.

Au Dr Eugène SOBNGWI, Endocrinologue au Centre National d'Obésité de l'Hôpital Central de Yaoundé, pour son encadrement et son soutien inconditionnel pendant ce travail. Sa disponibilité, ses conseils et ses orientations m'ont permis de bien mener cette étude.

Au Dr Line KLEINEBREIL, pour ses conseils et ses remarques pertinentes, m'ayant permis d'améliorer ce travail.

Au Professeur Hélène DELISLE pour ses observations et ses remarques pertinentes.

A MmeARREY Crista TABI, Nutritionniste-Diététicienne du Centre National d'Obésité de l'Hôpital Central de Yaoundé, pour son chaleureux accueil. Ses précieux conseils m'ont permis de mieux appréhender la thématique choisie.

A tout le personnel du Centre National d'Obésité de l'Hôpital Central de Yaoundé pour leur sympathique accueil.

Aux personnels du Health of Populations in Transition (HOPIT) pour leur accueil et leur conseil durant mon stage professionnel.

Aux membres du jury, d'avoir accepté d'apprécier notre travail de recherche.

A Mme Alice MOUNIR, assistante de direction du département santé de l'université Senghor, pour sa disponibilité et son soutien.

A tout le corps enseignant de l'université Senghor en général et ceux du département santé en particulier, pour le savoir que vous nous avez transmis.

A tous ceux qui de près ou de loin ont œuvré à ma formation et à l'accomplissement de ce travail.

Dédicace

Je dédie ce travail à ma famille, spécialement :

A mes grands-parents MAKAM Claire et NGUTE Joseph de regrettée mémoire.

A mes grands-parents PENKA Michel et MAMBE Elise pour leur prière.

A mes parents NOULE Joseph et MASSO Colette, pour votre amour, votre soutien et encouragements, vos prières, qui m'ont donné la force de tenir jusqu'au bout. Que Dieu tout puissant vous accorde une longue vie.

A mes frères et sœurs, MATCHINDA, FEUKWU, DJOKAM, FOKAM, KENGNE, FOKOU, TCHINDA, NGUTE, ASSONFACK et PENKA, pour vos prières et vos conseils. L'amour fraternel que vous portez à mon égard m'a permis au bout de ces deux années, d'atteindre mes objectifs.

A vous mes compatriotes, frères et collèguesen Egypte. Votre présence m'a permis de vaincre la solitude et de me sentir en famille durant ces deux ans.

A mes collègues de la XIIIème promotion. Faire votre connaissance a été pour moi une expérience enrichissante.

Aux patients qui ont accepté de participer à mon étude.

Résumé

Le diabète représente un réel problème de santé publique. Selon l'IDF, 371 millions de personnes dans le monde étaient atteintes du diabète en 2012. En cette même année, les dépenses imputées au diabète étaient estimées à 471 milliards de dollars, et on avait recensé 4,8 millions de décès. En Afrique subsaharienne, où l'on observe le double fardeau de la malnutrition, caractérisé par la présence simultanée de la sous-nutrition et de la surnutrition, le nombre de personnes atteintes était estimé à 15 millions en 2012, dont 81,2% n'étaient pas diagnostiqués. Cette région connait en outre le taux de mortalité lié au diabète le plus élevé au monde.

Le diabète de type 2 est la forme prépondérante et représente entre 90 à 95% de tous les diabètes selon l'ADA. Cette forme apparait chez les adultes généralement autour de 40 ans, et de plus en plus est fréquente chez les plus jeunes. Il est surtout favorisé par des facteurs de risques modifiables, en grande partie le style de vie, bien que le facteur héréditaire n'en demeure pas moinsnon négligeable.

Au Cameroun, le phénomène connait une forte expansion, et est favorisé par l'urbanisation, la croissance démographique, le vieillissement de la population et la transition nutritionnelle. On note ici un déficit de structures spécialisées pour la prise en charge et un manque de personnels qualifiés. La prise en charge revêt deux aspects, l'approche pharmacologique et l'approche non pharmacologique. La prise en charge non pharmacologique consiste à éduquer le patient à la maladie et lui prodiguer des conseils hygiéno-diététiques.

Cependant les patients font face à un certain nombre de difficultés qui entravent sérieusement l'observance des mesures hygiéno-diététiques. Ce sont en général les contraintes économiques, les contraintes socio-culturelleset les facteurs individuels. Les difficultés économiques sont liées au coût du traitement et les difficultés d'accès aux ressources alimentaires. Les contraintes socio-culturelles incluent l'influence des habitudes alimentaires culturelles, la profession, l'environnement familial et social. Pour les facteurs propres à l'individu, nous avons le déni de la maladie et les troubles psychologiques. Les principaux obstacles à la pratique de l'activité physique sont l'âge, le handicap physique, le manque de temps et de motivation.

Une approche d'amélioration de tels obstacles consisterait à mettre l'accent sur la sensibilisation et l'éducation du patient, à améliorer la sécurité alimentaire des patients, à apporter un appui psycho-social aux patients, et surtout à renforcer leur accompagnement par la famille et des pairs éducateurs.

Mot-clef :

Diabète de type 2, observance, mesures hygiéno-diététiques, Cameroun.

Abstract

Diabetes is a real public health problem. According to the IDF, 371 million people worldwide have diabetes in 2012. In the same year, expenditures were estimated for diabetes to 471 billion, and 4.8 million deaths were recorded. In Sub-Saharan Africa, where there is double burden of malnutrition, characterized by the simultaneous presence of under-nutrition and over-nutrition, the number of people affected is estimated at 15 million in 2012, of which 81.2% undiagnosed. Thisregion is, also known to have the highest diabetes mortality rate worldwide.

Type 2 diabetes is the dominant form and represents between 90-95% of all diabetes according to the ADA. This form appears in adults usually around 40 years, and is more common in older people. It is especially favored by modifiable risk factors, largely lifestyle, although the hereditary factor remains non negligible.

In Cameroon, the magnitude of the phenomenon is high, and is been favored by: urbanization, population growth, the aging of the population and the nutrition transition. We note here a lack of specialized structures support and lack of qualified personnel. Management includes two aspects, the pharmacological approach and the non-pharmacological approach. The non-pharmacological management involves educating the patient to the illness and administering lifestyle advice.

However, patients are faced with a number of challenges that seriously impede adherence to lifestyle measures. These are generally the economical and socio-cultural constraints; and individuals factors. Economic difficulties are related to the cost of treatment and lack of access to food resources. The socio-cultural constraints include the influence of cultural habits, occupation, family and social environment. For factors specific to individuals, we have the denial of illness and psychological disorders. The main obstacles to the practice of physical activity are age, physical disability, lack of time and motivation.

An improvement approach to such obstacles would be to focus on awareness and patient education, to improve the food security of patients, to provide psychological support to patients and especially to strengthen their support by family and peers educators.

Keywords:

Type 2 diabetes, adherence, and dietary measures, Cameroon.

iv

Liste des acronymes et abréviations utilisés

- ADA : American diabetes association
- ADO : Antidiabétiques oraux
- BMI : Body mass index (indice de masse corporelle)
- CNO : Centre national d'obésité
- DID : Diabète insulino-dépendant
- DNID : Diabète non insulino-dépendant
- DT1 : Diabète de type 1
- DT2 : Diabète de type 2
- FID : Fédération internationale de diabète
- HCY : Hôpital central de Yaoundé
- HGPO : Hyperglycémie provoquée par voie orale
- HTA : Hypertension artérielle
- IDF : International diabetesfederation
- IEC/CCC : Information éducation communication/ Communication pour un changement de comportement
- INSEE : Institut national de statistique et des études économiques
- MNT : Maladies non transmissibles
- OCDE : Organisation de coopération et de développement économique.
- OMD : Objectifs du millénaire pour le développement
- OMS : Organisation mondiale de la santé
- PNDS : Plan national du développement sanitaire

Table des matières

Introduction

Très souvent, on parle du diabète sans en connaitre les origines. La première description de la maladie apparaît dans le manuscrit égyptien Ebers, où elle fut décrite en 1550 av. J.-C (avant Jésus Christ), sous le terme « urine très abondante ».(1). Le terme de diabète en lui-même est attribué à Demetrios d'Apnée, 275 av. J.-C, et dérive de« diabainen », qui signifie « passer à travers » en référence au phénomène de polyurie observé.(2). L'expression latine « Diabetes » est attribuée à un célèbre médecin Grec, Aretée de Cappadoce, au premier siècle après J. C, qui décrivit la maladie. Ce terme « diabetes » signifie « siphon, car les fluides ne restent pas dans le corps qu'ils utilisent comme canal à travers lequel ils peuvent passer »(1). C'est en 1776 que le Britannique Matthew Dobson par ses travaux fit le lien entre le goût sucré de l'urine et la présence de sucre dans le sang et l'urine. Au fil du temps, diverses recherches vont aboutir à une meilleure compréhension de la maladie. Ainsi en 1869, un jeune étudiant en médecine nommé Paul Langerhans, mit en évidence la fonction endocrine du pancréas.(1) C'est de cette façon et jusqu'à nos jours que les recherches se poursuivent pour une meilleure compréhension de cette maladie.

Au regard des conséquences économiques, sociales et individuelles, le diabète est l'une des maladies les plus redoutables de notre siècle. Fléau accentué par l'urbanisation croissante, l'émergence des mauvais comportements alimentaires, une forte sédentarité et l'augmentation de l'espérance de vie moyenne, cette maladie constitue une grande menace pour les pays à revenus limités. Des données épidémiologiques montrent qu'en Afrique, la prévalence du diabète augmente avec le vieillissement de la population et la modification des habitudes de vie.(3)

Le diabète de type 2 est la forme la plus fréquente et représente entre 90 et 95% de tous les cas de diabète(4). Au Cameroun, comme dans beaucoup de pays à revenus limités, le diagnostic est souvent tardif à cause de l'ignorance de la maladie par la population. De ce fait, le dépistage se fait lorsque les complications commencent à apparaître. La prise en charge devient alors à cet effet difficile et pose les problèmes liés à l'observance thérapeutique.(5)

La prise en charge du diabète intègre les aspects pharmacologiques et non pharmacologiques. Les mesures hygiéno-diététiques constituent la prise en charge non pharmacologique de la maladie. Il existe dans la littérature plusieurs données pour montrer les bienfaits de la pratique du régime alimentaire et de l'activité physique régulière(6,7). Cependant les patients sont souvent exposés à des difficultés qui entravent sérieusement le respect des recommandations thérapeutiques en général et des mesures hygiéno-diététiques en particulier(8). C'est dans ce sens que nous nous posons la question de savoir quelles peuvent être les facteurs qui entravent une meilleure adhésion aux mesures hygiéno-diététiques chez les diabétiques de type 2 de Centre National d'Obésité (CNO) de l'hôpital central de Yaoundé.

Notre étude a consisté à décrire les caractéristiques sociodémographiques de la population de patients recrutés dans le cadre de notre étude, à identifier les contraintes qui entravent l'adhérence aux mesures hygiéno-diététiques, ensuite nous allons expliquer les mécanismes de chacun des obstacles, puis nous allons formuler quelques propositions pour améliorer l'adhésion aux recommandations hygiéno-diététiques.

Pour mieux aborder notre problème, nous allons nous organiser de la façon suivante. Dans une première partie, nous allons présenter le problème, ensuite nous allons présenter un cadre théorique, où nous allons faire une synthèse de la littérature autour de notre thématique. Dans une troisième partie, nous allons présenter la méthodologie utilisée pour atteindre nos objectifs. Dans une quatrième partie, nous allons présenternos résultats, suivis de leur analyse dans une cinquième partie.

1 Problématique

Le diabète est une maladie chronique non transmissible dont l'efficacité de la prise en charge repose sur l'adhésion aux recommandations pharmacologiques et non pharmacologiques. Cependant il se trouve que dans différentes régions du monde, les patients sont confrontés à des obstacles qui entravent sérieusement la mise en pratique desdites recommandations. Dans la plupart des pays de l'Afrique subsaharienne, l'extrême pauvreté et les pesanteurs socio-culturelles sont souvent des facteurs qui handicapent une meilleure adhésion aux recommandations thérapeutiques en général et aux mesures hygiéno-diététiques en particulier.

1.1 Contexte et justification

1.1.1 La situation du diabète dans le monde

Le diabète est une maladie non transmissible dont l'ampleur et l'évolution influent sur divers secteurs d'activités, notamment d'un point de vue sanitaire, économique, culturel et social. C'est une maladie silencieuse et évolutive, de ce fait ses conséquences sont souvent irréversibles. Le taux de prévalence ne cesse d'augmenter, malgré les moyens de lutte de plus en plus sophistiqués qui sont mis en œuvre pour juguler le phénomène. Les raisons qui peuvent expliquer une telle progression sont légion. On peut citer notamment l'urbanisation, la croissance démographique, la croissance économique, la transition nutritionnelle que connaissent beaucoup de pays à moyen et à faible revenu. L'augmentation de l'espérance de vie est un facteur majeur d'aggravation et d'expansion de cette pathologie, car plus les gens vieillissent, plus ils vont développer les complications du diabète.

Le monde compte actuellement 371 millions de personnes diabétiques, avec un taux de prévalence globale de 8,3%.(9). La Fédération Internationale du Diabète(FID) estimait qu'en 2011, environ 183 millions de personnes avaient un diabète non diagnostiqué, ce qui représentait à peu près la moitié des personnes souffrants du diabète à cette même période.(10). En 2004, l'Organisation Mondiale de la Santé (OMS) estimait à environ 3,4 millions le nombre de personnes décédées de maladies liées au diabète. Ce chiffre était de 4,8 millions de décès en 2012.(9) Selon l'OMS, plus de 80% de décès imputés au diabète se retrouvent dans les pays à revenu faible ou intermédiaire. D'après les estimations de l'OMS, environ 438 millions de personnes seront atteintes de diabète d'ici 2030(11).

La situation est préoccupante, car le nombre de diabétiques dans le monde a augmenté de façon exponentielle depuis les années 80. Ce nombre est passé de 30 millions en 1985, à 135 millions en 1995, ensuite à 177 millions en 2000, à environ 347 millions de personnes attentes de nos jours.

SelonI'OMS, les décès dus au diabète seraient d'environ 4 millions de personnes par an, soit à peu près 9% de la mortalité totale.(12)

En raison de la chronicité de la maladie, de la gravité des complications et de la complexité du traitement, le diabète est malheureusement une maladie coûteuse et occasionne d'énormes dépenses aux familles, aux états et à la société tout entière. Les dépenses imputées pour la prévention, le traitement et la prise en charge des complications du diabète des pays de l'OCDE pour l'année 2010 ont été évalué à 345 milliards USD.(13). Le coût total estimatif du diabète en 2007 aux États-Unis était de 174 milliards USD(14). Il faut noter que ces dépenses incluent, les coûts directs et indirects. Parmi les coûts directs, on peut citer les frais liés aux examens médicaux, les frais d'hospitalisation, l'achat des médicaments, l'alimentation, etc.

Dans la même optique,Wallemacqet al ont mené une enquête pour mesurer le coût total des soins de santé attribués aux personnes diabétiques de type 2 dans différents pays européens. Il ressort de cette étude que les ressources financières allouées au traitement du diabète de type 2 représentaient 5% des dépenses totales de soins de santé, la plus grande partie des dépenses (55%) étant liée à l'hospitalisation des patients. Cette enquête montre ainsi que les dépenses totales de santé pour l'ensemble des patients diabétiques de type 2 des huit pays considérés étaient estimées à 29 milliards d'Euros par an en 1999. Le coût annuel par patient était évalué à 2834 Euros(15).

Tout ceci montre bien que la situation est critique, il est donc urgent de renforcer et d'améliorer les mesures de lutte contre le fléau. Cela dans le but de réduire l'ampleur du phénomène et les complications.

1.1.2 Ampleur du phénomène en Afrique subsaharienne.

L'Afrique subsaharienne est la région de l'Afrique située en dessous du désert du Sahara. Elle est aussi appelée « Afrique Noire ». Elle comprend 48 pays répartis en 4 sous-régions, qui sont l'Afrique Centrale, l'Afrique de l'Ouest, l'Afrique de l'Est et l'Afrique Australe. Elle est peuplée d'environ 829 millions d'habitants. C'est la région du monde la plus pauvre bien qu'elle regorge d'immenses richesses naturelles, du sol et du sous-sol. C'est aussi l'une des régions les plus mouvementées du monde. En effet la région est le théâtre de nombreux conflits qui la déstabilisent et l'appauvrissent davantage. La zone fait face à la sécheresse, elle paye le prix fort des changements climatiques. Il faut aussi noter que la région est touchée par l'insécurité alimentaire et la faim. Environ 234 millions de personnes dans cette région souffrent de la faim ce qui représente à peu près une personne sur quatre[1].

La région fait face à un phénomène un peu particulier. En effet depuis deux décennies, elle est confrontée à des problèmes sanitaires d'un autre genre, les maladies chroniques liées à l'alimentation, bien qu'elle reste fortement touchée par les troubles de carences et les maladies infectieuses : paludisme, choléra, tuberculose, VIH SIDA. Alors qu'on croyait que ces problèmes ne touchaient que les pays développés, la réalité est tout autre. La seule explication qui peut nous amener à comprendre un tel phénomène c'est la transition nutritionnelle. En effet on note de plus en plus un changement des habitudes alimentaires, favorisé par l'urbanisation et la mondialisation. Un tel environnement est favorable au développement des maladies chroniques non transmissibles : obésité, diabète et maladies cardiovasculaires. Delisle et al dans une étude menée en Afrique de l'Ouest ont montré que cette transition nutritionnelle exacerbait les inégalités, les populations de faible niveau socio-économique étant plus sujettes au double fardeau de la malnutrition(16).

Parmi les maladies non transmissibles en Afrique sub-saharienne, le diabète représente un véritable problème de santé publique, de par ses conséquences sur l'individu et la société toute entière. Avec près de 15 millions de personnes touchées en 2012, une prévalence estimée à 4,3%, dont 81,2% de cas non diagnostiqués, cette région connaît le taux de mortalité lié au diabète le plus élevé au monde(9). Plusieurs études de prévalence ont été réalisées dans la région. Hall et al ont retrouvé des variations de prévalence d'un pays à un autre, et à l'intérieur d'un même pays entre les zones urbaines et les zones rurales(17). Mbanya et al relèvent des défaillances dans la réalisation des études de prévalence en Afrique(18) et expliquent par une absence de logistique adéquate, les politiques élaborées mettant plus l'accent sur les maladies infectieuses. Gill et al pour leur part incriminent le coût relatif lié à la réalisation de telles études, qui serait très élevé, la mobilité des populations et l'absence de fiabilité des enquêtes démographiques(19).

1.1.3 Cas particulier de la situation au Cameroun

Le Cameroun est un pays de l'Afrique centrale, comptant environ 20 millions d'habitants en 2012.(20) Pays souvent qualifié d'Afrique en miniature, de par sa diversité culturelle, linguistique et climatique, le

_____

[1] FAO : Rapport sur la faim 2012

Cameroun connaît un développement à la traîne avec un indice de développement humain de 0,482 en 2011(21,22). Le pays fait face à une urbanisation croissante avoisinant les 60% en 2010, avec une densité de population de 42 habitants par kilomètre carrée en 2012(21).

Sur le plan sanitaire, le Cameroun a une espérance de vie à la naissance estimé à 53 ans en 2008, une charge de morbidité très influencée par les maladies transmissibles (68,8% en 2004). Les principales maladies transmissibles indexées, sont le VIH/SIDA, le paludisme, les affections respiratoires et diarrhéiques(23,24). De même qu'elles ne figurent pas dans les OMD, les maladies non transmissibles ne font pas parties des priorités du PNDS 2011-2015 élaboré par le ministère de santé publique camerounaise. Alors que ces maladies sont en pleine expansion dans le pays, surtout favorisée par les changements des habitudes de vie, une urbanisation croissante, une alimentation inadéquate, et la sédentarisation considérable. Sobngwi et al dans une étude publiée en 2004 montraient que chez des hommes et femmes adultes, la durée de vie totale en ville était associée à une IMC, une tension artérielle et une glycémie élevée, et que chez des personnes ayant déménagé en ville récemment, ces paramètres étaient plus élevés que chez des individus vivant en milieu rural(25).

La prévalence du diabète ne cesse de croitre. En 1994, elle était estimée à 0,8% et 1,6% respectivement au sein des populations adultes rurale et urbaine du Cameroun(26). L'IDF estime à 6,15% la prévalence de la maladie en 2012 au Cameroun(9). Le nombre de personnes diabétiques au sein de la population adulte (20-79ans) est d'environ 571860, le nombre de décès imputés au diabète étant 14588 en 2012.(9). Au Cameroun, un diabétique dépense en moyenne 109.04 USD soit environ 55000 FCFA par an pour assurer ses soins(9). Il faut également remarquer qu'en 2012, près de 80% de personnes diabétiques n'étaient pas diagnostiquées(9).

Une étude de prévalence a montré que les chiffres vont continuer à augmenter dans les années à venir. En 2030 le nombre de personnes diabétique sera d'environ 745000.(27).

Au Cameroun plusieurs facteurs sont à l'origine de cette augmentation de la prévalence. Ces facteurs de risque sont une consommation abusive de sucres rapides et de matières grasses, une baisse de l'activité physique, une consommation excessive d'alcool, l'obésité croissante, la sédentarité, une faible consommation de fruits et légumes, l'urbanisation et l'hérédité(28).

La prise en charge comme partout ailleurs est pharmacologique et non pharmacologique. L'essentiel de la prise en charge non pharmacologique est le respect des mesures hygiéno-diététiques, notamment une alimentation saine et un respect de l'activité physique. Cependant les patients font face à des obstacles qui entravent l'adhérence aux recommandations hygiéno-diététiques. Ces contraintes sont liées aux pesanteurs culturelles, économiques et sociales.

1.2 Problématique de l'observance thérapeutique du diabète

Dans leur article intitulé « NON OBSERVANCE THERAPEUTIQUE : causes, conséquences, solutions »,Scheen et Giet définissent «l'observance thérapeutique comme le fait de se conformer aux règles élaborées par les professionnels de santé et de suivre leur prescription. C'est la concordance entre le comportement du patient vis-à-vis de son traitement et les recommandations de son médecin »(29). Il faut remarquer ici que cette concordance n'est pas toujours de mise, le patient étant confronté à un certain nombre de difficultés. La questionqu'on pourrait se poser est de savoir s'il est possible réellement de respecter scrupuleusement les recommandations des prestataires de soins. Dans une certaine mesure, le respect du traitement pour une maladie infectieuse est probablement plus aisé, si la maladie est de courte durée. Par contre,un traitement chronique comme le diabète semble être difficile à respecter rigoureusement, car le traitement se prend durant toute la vie de l'individu. Suivre une semaine de traitement contre un paludisme est nettement plus évident que prendre des antidiabétiques oraux (ADO) et respecter les mesures hygiéno-diététiques pendant plus d'une vingtaine d'années.

La prise en charge du diabète revêt deux composantes majeures : le volet pharmaceutique et le volet non pharmacologique. En fonction de l'évolution de la maladie, le prestataire de soins adapte le traitement en tenant compte de ces deux aspects, des paramètres biologiques et anthropométriques du patient. Il doit aussi tenir compte du statut social de ce dernier.

L'aspect pharmacologique du traitement comprends notamment les antidiabétiques oraux (ADO), les injections d'insuline, des médicaments pour traiter les maladies associées telle que l'hypertension artérielle(30).

L'aspect non-pharmacologique est constitué des mesures hygiéno-diététiques. Ces mesures consistent notamment au respect des prescriptions diététiques et d'activités physiques qui sont nécessaires pour un bon suivi de la maladie. Il faut également respecter les règles d'hygiène simples, tels que le port des chaussures fermées en vue d'éviter les blessures. Il faut aussi noter que le volet « éducation thérapeutique » est un élément fondamental dans la prise en charge du patient. En effet si on veut optimiser le traitement, il faudrait déjà que le patient adhère aux recommandations, et cela passe par une éducation préalable du patient à la maladie, aux différents facteurs de risque et l'éducation vis-à-vis du traitement.

Dans son article intitulé « L'éducation du patient », Fournier(31) définit l'éducation du patient comme étant « un processus par étapes, intégré dans la démarche de soins, comprenant un ensemble d'activités organisées de sensibilisation, d'information, d'apprentissage et d'aide psychologique et

9

sociale, concernant la maladie, les traitements, les soins, l'organisation et les procédures hospitalières, les comportements de santé liés à la maladie, et destinées à aider le patient (et sa famille) à comprendre la maladie et les traitements, collaborer aux soins, prendre en charge son état de santé, et favoriser un retour aux activités normales. » Il faut remarquer que cette notion d'éducation thérapeutique a beaucoup été développée avec les maladies chroniques.

Pour le cas du diabète il est important que le patient comprenne pourquoi il doit respecter les recommandations, le prestataire de soins ne doit pas seulement se limiter à prescrire le traitement, mais il doit amener le patient à adhérer à ce dernier. Raison pour laquelle il est important que le médecin prenne en compte le patient dans toute sa globalité, les aspects sociaux doivent être intégrés, la famille de ce dernier doit aussi être prise en compte.

Dans le contexte Africain, ce volet éducatif a encore du mal à être intégré à la pratique des soins. Cela vient surtout du fait que pendant très longtemps, la pratique de soins en Afrique était surtout orientée vers la prise en charge des maladies infectieuses. Les maladies chroniques qui font leur apparition avec la transition épidémiologique amènent à changer de stratégie et à intégrer le volet éducatif.

L'observance thérapeutique pour les maladies chroniques comme le diabète est très complexe. Il y a deux types d'observance thérapeutique dans le cas du diabète : une observance pharmacologique et une observance non pharmacologique. Le cas échéant qui nous intéresse ici c'est l'observance non pharmacologique.

Nellessen et al(32) dans le cadre de la prise en charge de l'insuffisance cardiaque chronique, définissent l'approche non pharmacologique comme étant une action menée dans le but de maintenir la stabilité physique, l'exclusion de comportements aggravants (comme la consommation abusive de sel alimentaire, graisses saturées, le tabagisme) et la détection précoce des symptômes de détérioration. Selon eux l'approche consiste en une information et une éducation thérapeutique à l'insuffisance cardiaque que les professionnels de santé sont tenus de fournir aux patients.

L'ADA préconise pour la prise en charge non pharmaceutique deux aspects majeurs à savoir les recommandations concernant la diététique et celles concernant l'activité physique(33). L'IDF région Afrique dans le guide de prise en charge du diabète de type 2 pour l'Afrique-subsaharienne préconise comme élément essentiel de la prise en charge non pharmacologique, l'éducation, le régime alimentaire et l'activité physique(34). Plus loin elle va poursuivre en disant que la modification du régime alimentaire est l'une des pierres angulaires de la prise en charge du diabète avec l'activité physique régulière.

Cependant, il n'est pas toujours évident pour les patients de respecter scrupuleusement les recommandations thérapeutiques. Les contraintes culturelles, économiques et sociales sont souvent des obstacles qui entravent le respect des mesures hygiéno-diététiques et elles interagissent par des mécanismes qui seront élucidés tout au long de notre étude.

1.3 Question de recherche

Quelles sont les facteurs qui entravent une meilleure observance des mesures hygiéno-diététiques chez les diabétiques de type 2 du Centre National d'Obésité de Yaoundé ?

1.4 Hypothèse de recherche

L'adhésion aux mesures hygiéno-diététiques chez les diabétiques de type 2 est influencée par des pesanteurs économiques, culturelles et sociales qui entravent sérieusement la prise en charge de la maladie.

1.5 Objectif général de l'étude

L'étude vise à explorer les déterminants de la mauvaise observance des mesures hygiéno-diététiques par les patients diabétiques de type 2 du Centre National d'Obésité de l'Hôpital Central de Yaoundé.

1.6 Objectifs spécifiques

- Décrire les caractéristiques socio-démographiques des patients.
- Identifier les obstacles pouvant entraîner la mauvaise adhésion aux mesures hygiéno-diététiques.
- Expliquer comment ces facteurs entravent l'observance des prescriptions hygiéno-diététiques.
- Formuler des recommandations pour l'amélioration de l'observance des mesures hygiéno-diététiques.

2   Revue de la littérature

2.1   Définition, étiologie, classification et complication du diabète

2.1.1   Définition du diabète

Le diabète est une maladie d'origine endocrinienne caractérisée par une hyperglycémie et des troubles du métabolisme des glucides, des lipides et des protéines, associés à des déficits absolus ou relatifs de la sécrétion et/ou de l'action de l'insuline.(35) L'hyperglycémie observée est souvent révélatrice d'un sérieux dysfonctionnement du métabolisme. L'état d'hyperglycémie chronique observée dans le diabète sucré est à l'origine des complications spécifiques, qui touchent les microvaisseaux (rétinopathie et néphropathie), ainsi que les nerfs (neuropathie) ; cela participe aussi au développement de la macroangiopathie[2], qui atteint les artères coronaires, les artères cervico-céphaliques, ainsi que les artères destinées aux membres inférieurs.(36)

Lors de la digestion, les aliments sont dégradés en petites molécules, notamment les glucides vont se transformer en glucose, les lipides en acides gras et les protéines en acides aminés. Ces différents nutriments vont passer dans la circulation sanguine via les villosités intestinales, le sang se chargeant de les distribuer à l'ensemble de l'organisme. Etant donné que le substrat préférentiel des cellules est le glucose, les autres nutriments à savoir les acides gras et les acides aminés vont sous l'effet des enzymes subir des réactions biochimiques pour être transformés en molécules de glucose, utilisable directement par les cellules de notre organisme. Le glucose ainsi présent dans la circulation sanguine va augmenter la glycémie.

Chez un individu normal, la présence d'une quantité élevée de glucose dans le sang, va stimuler la production de l'insuline[3] par le pancréas, l'insuline va stimuler l'absorption et l'utilisation du glucose par les cellules et son stockage au niveau du foie. Chez le diabétique par contre le pancréas secrète insuffisamment ou pas d'insuline, ce qui va favoriser une présence constante de sucre à taux élevé dans le sang. Les mécanismes vont varier en fonction du type de diabète.

Les symptômes communs à tous les diabètes sont une polyurie[4], une polydipsie[5], l'amaigrissement[6] et la polyphagie[7]. On observe aussi une fatigue, des apnées du sommeil surtout chez les DT2.

---

[2]Macroangiopathie : lésion des parois artérielles.
[3] Insuline : hormone de nature protéique sécrétée par les endocrinocytesβ du pancréas, et dont le rôle est de baisser le taux de sucre dans le sang.
[4]Polyurie : perte d'eau abondante et de minéraux sous forme d'urine.
[5]Polydipsie : prise d'eau abondante due à une soif intense.
[6]Amaigrissement : perte de poids.

Tableau I: Critères de diagnostic du diabète selon l'OMS (2006)

	Test de diagnostic	Valeurs seuils
Diabète (un seul paramètre considéré)	Glycémie à jeun	≥7,0mmol/l (1,26g/l)
	HGPO	≥11,1mmol/l (2g/l)
Intolérance au glucose (considérer les deux paramètres pour conclure)	Glycémie à jeun	<7,0mmol/l (1,26g/l)
	HGPO	≥7,8 et <11,1mmol/l (1,4 et 2g/l)
Hyperglycémie modérée à jeun (considérer les 2 paramètres)	Glycémie à jeun	Entre 6,1 et 6,9mmol/l (1,1 et 1,25g/l)
	HGPO	<7,8mmol/l (1,4g/l)

L'HGPO[8] est la mesure de la glycémie veineuse 2 heures après ingestion de 75g de solution de glucose.

Source WHO, 2006 (37)

2.1.2 Classification et étiologie

De façon globale, il existe deux formes majeures de diabète sucré : le diabète sucré de type 1 et le diabète sucré de type 2. En dehors de ces deux formes, on rencontre souvent le diabète gestationnel et des formes atypiques.

a) Le diabète de type 1

Le diabète sucré de type 1, autrefois appelé diabète insulino-dépendant (DID), est la forme où le pancréas ne produit pas l'insuline. Ce type touche particulièrement les enfants, les adolescents et les jeunes adultes. Il concerne environ 10% de tous les sujets diabétiques. Il est en outre caractérisé par l'apparition de symptômes sévères, une prédisposition à la cétose et une dépendance vis-à-vis de l'insuline exogène pour assurer sa survie. Ce type de diabète apparaît lorsque 80 à 90% de cellules β

---

[7]Polyphagie : consommation abondante de nourriture due à une faim intense.
[8]HGPO : hyperglycémie provoquée par voie orale

13

du pancréas sont détruites de façon auto-immune.(38) Grimaldi et al ont essayé d'explorer les facteurs étiologiques qui pourraient être à l'origine du diabète de type 1, bien que les causes exactes ne soient pas encore connues. Les facteurs incriminés sont(38) :

➢ La prédisposition génétique : elle montre en effet qu'un antécédent familial a été retrouvé chez un diabétique de type 1 sur environ 10. Le risque pour une mère diabétique insulino-dépendante de donner naissance à un enfant DID est de 2% ; ce risque est d'environ 4 à 5% lorsque c'est le père qui est DID. Le risque pour les sœurs et frères d'un enfant diabétique de devenir à leurs tours diabétiques est de 5%.

➢ L'immuno-pathologie : les éléments du système immunitaire sont mis en cause dans la destruction des cellules β du pancréas. En effet il se pourrait qu'à un moment donné, pour des raisons qui restent inconnues, il y a une autodestruction des cellules β des îlots de Langerhans du pancréas (cellules productrices d'insuline), par les propres cellules de l'individu diabétique. Les recherches actuelles n'ont pas encore apporté d'éléments convaincants pour expliquer un tel phénomène.

➢ Les facteurs environnementaux : sont incriminés ici les infections virales, les toxiques et les facteurs alimentaires. Par exemple en ce qui concerne les facteurs alimentaires, les protéines de lait de vache avaient été mises en cause dans le déclenchement de l'auto-immunisation. Des scientifiques Islandais ont mis en évidence les nitrosamines comme facteurs déclencheurs de la maladie. En effet en 1977, ils montrent que le diabète de type 1 apparait en Islande de façon épidémique au printemps. Ils expliquent cela par une forte consommation de conserves de poisson pendant les fêtes de Noël. Des études expérimentales chez les rats permettront de mettre en évidence l'effet toxique de nitrosamines, contenues dans les conserves, sur les cellules du pancréas. Mais ils poursuivront en disant que seuls les personnes prédisposées développent le diabète(1).

b) Le diabète de type 2

Le diabète de type 2 ou diabète non insulino-dépendant (DNID) est le diabète du sujet adulte, généralement à partir de 40 ans, bien que depuis quelques années, on remarque l'apparition de cette forme chez des personnes de plus en plus jeunes. Ce type de diabète peut apparaitre dès l'enfance chez certaines populations à risque.

Les mécanismes du diabète de type 2 sont actuellement bien connus, il est dû soit à une production insuffisante d'insuline (insulinopénie), soit à une résistance de l'action de l'insuline (insulino-résistance).(38,39).

Le diabète de type 2 est aussi accompagné d'anomalies métaboliques, telles que l'obésité abdominale, l'hypertension artérielle, et la dyslipidémie, qui contribuent à augmenter la morbidité cardiovasculaire et la mortalité.(40). L'insulino-résistance est largement impliquée dans les mécanismes physiopathologiques et biochimiques du diabète de type 2. Ce concept d'insulino-résistance a été largement étudié par Scheen(41). Il est lié à l'incapacité relative de l'insuline de régler normalement le métabolisme du glucose.

Tableau II: Facteurs de risque d'apparition du DT2

Facteurs de risque		Risque relatif
BMI>27		3
BMI>35		15
Rapport taille/hanche	Homme>0,95	3
	Femme>0,85	3
Hérédité DNID	1 Parent	3
	2 Parents	9
Sédentarité		2
Intolérance aux hydrates de carbone		5
Glycémie à jeun>1,20 g/l		5
Insulinémie à jeun>15µU/ml		4
Triglycéridémie>2g/l		3
HTA>140/90mm Hg		1,5
Athérome		1,5
Traitement par diurétiques thiazidiques ou par bêta-bloquants (indépendamment de l'HTA)		1,5
Diabète gestationnel		15

source : comprendre pour traiter, Grimaldi et al(38)

⬇ **Physiopathologie du diabète de type 2**

La physiopathologie du diabète de type 2 est très complexe et est précédée par le syndrome métabolique. L'insulino-déficience, responsable de l'hyperglycémie est précédée par plusieurs années d'insulino-résistance et d'hypersécrétion d'insuline. La résistance à l'insuline est surtout musculaire. En effet on observe au niveau du muscle une diminution du stockage et de l'utilisation du glucose, alors qu'au niveau hépatique, il y a la néoglycogénèse. Ces deux phénomènes concourent à augmenter le glucose sanguin.

Secondairement, il se produit quelques années plus tard d'insulino-résistance et d'hyperinsulinémie, une insulino-sécrétion. L'hyepersécrétion d'insuline pour normaliser la glycémie ayant entrainé cette déficience. (38).

c) Le diabète gestationnel

Le diabète gestationnel se définit comme un trouble de la tolérance glucidique, conduisant à une hyperglycémie de sévérité variable, débutant ou diagnostiquée pour la première fois pendant la grossesse, quel que soit le traitement nécessaire et l'évolution dans le post-partum.

d) Autres types de diabète

Parmi les autres types de diabète, il y a les diabètes secondaires qui sont des pathologies dues à une atteinte organique du pancréas ou qui a une origine iatrogénique. On retrouve aussi des formes atypiques notamment le diabète de type 1B ou diabète de type 2 cétosique(42). C'est un diabète particulier du sujet africain noir, caractérisé par une hyperglycémie sévère au moment du diagnostic. Il se manifeste habituellement par une acidocétose sévère semble à celle observée dans le diabète de type 1. En plus de la forte prédisposition génétique et raciale, cette forme atypique est surtout lié à des conditions socio-économiques précaires des sujets d'origine noire(42,43).

2.1.3 Complications du diabète

La présence d'un taux de sucre anormalement élevé dans le sang de façon permanente va entraîner l'apparition des complications.

a) Les complications métaboliques aigues

Elles représentent la cause fréquente des consultations aux urgences(44). Ces complications sont : l'acidocétose diabétique, le coma hyperosmolaire, l'acidose lactique.

i) L'acidocétose diabétique

Elle est due à l'incapacité de l'organisme à utiliser le glucose pour produire de l'énergie. En effet l'insulinopénie va empêcher le glucose de pénétrer à travers la membrane cellulaire. Ce phénomène va entraîner une hyperglycémie. Cette hyperglycémie est due à une absence de transport insulino-sensible du glucose dans les tissus adipeux et les muscles, à la glycogénolyse hépatique, et à la néoglucogénèse[9]. Cet état d'hyperglycémie va induire une hyperosmolaritéextra-cellulaire, puis une hyperfiltration glomérulaire, d'où la polyurie qui va suivre.(38).

D'un autre côté, le manque d'insuline va favoriser la lipolyse, entrainant une libération des acides gras. Ces derniers seront oxydés au niveau du foie en acétyl-coenzyme A, à l'origine de la formation des corps cétoniques. L'hypercétonémie observée va provoquer l'acidose métabolique et une perte importante d'ions sodium et potassium.(1, 31,33).

Cette complication est beaucoup plus récurrente dans le diabète de type 1, bien qu'on l'observe souvent dans le diabète de type 2.(36,44).

ii) le coma hyperosmolaire

Il se définit par une hyperglycémie supérieure à 6g/l et une osmolarité. Il représente 5 à 10% des comas diabétiques.(38). Cette complication est observée chez le diabétique de type 2 âgé, non diagnostiqué ou mal suivi. Il est dû d'une part à une non compensation d'une déshydratation, le sujet ne ressentant pas le besoin de s'alimenter en eau ; d'autre part, l'hyperglycémie observée va induire une polyurie osmotique intense, à l'origine d'une déshydratation généralisée et non compensée. Cela va aboutir à une insuffisance rénale qui va réduire la glycosurie et augmenter l'hyperglycémie.

iii) L'acidose lactique.

C'est un accident sévère survenu au cours du diabète dont l'évolution fatale peut être évitée par la réanimation. Ce phénomène est lié à l'accumulation d'acide lactique, survenant lorsque les systèmes de tampons de l'organisme sont débordés. Cette situation est provoquée par une hypoperfusion des tissus provoquant la glycolyse anaérobie. Elle survient généralement chez les sujets âgés (>50ans), notamment les femmes.(1). Les facteurs favorisant son apparition peuvent être l'insuffisance cardiaque, l'insuffisance hépatique, rénale et respiratoire.

b) Les complications chroniques

i) La rétinopathie diabétique.

C'est l'atteinte de la microcirculation rétinienne. Elle se traduit par des lésions liées d'une part à l'hyperperméabilité et à la fragilité capillaires, d'autre part à l'ischémie rétinienne(36). Sa prévalence augmente avec la durée du diabète. La fréquence et la sévérité des rétinopathies diabétiques sont

---

[9]Néoglucogénèse : production du glucose à partir des substrats non glucidiques, notamment les acides aminés (alanine), le glycérol et l'acide lactique.

d'autant plus élevées que la glycémie est mal contrôlée. L'HTA systolique est incriminée dans l'apparition du problème, le diabète gestationnel serait un facteur important de survenue et d'aggravation de la rétinopathie.(1). Elle est une importante cause de cécité.

Les signes cliniques les plus fréquents sont une baisse de l'acuité visuelle, l'apparition de tâches rouges dans le champ visuel, l'apparition des douleurs oculaires. Un examen du fond de l'œil est demandé à tout individu chez qui le diabète est dépisté.

Le contrôle de la glycémie reste le meilleur moyen de remédier au problème.

ii) La néphropathie diabétique

Importante cause d'insuffisance rénale, la néphropathie diabétique est définie comme une glomérulopathie spécifique du diabète. C'est une atteinte des microvaisseaux qui irriguent le rein. Elle se manifeste sur le plan clinique par une augmentation de l'albuminurie. Le facteur de risque principal est le mauvais équilibre de la glycémie. Il est favorable à l'apparition des complications cardiovasculaires sévères, qui risquent d'entraîner la mort du patient avant la mise sous dialyse.

iii) La neuropathie diabétique

La neuropathie diabétique peut se définir comme une atteinte du système nerveux périphérique (on parle ici de neuropathie périphérique) et/ou une atteinte du système nerveux végétatif (neuropathie végétative, neuropathie autonome).

2.2 La prise en charge du diabète de type 2

Jusqu'à nos jours, il n'existe pas encore un traitement capable de guérir complètement le diabète. Cependant, un traitement médicamenteux approprié, associé à une bonne qualité de vie permet d'avoir une santé quasi normale et un risque faible de développer les complications.

Un contrôle approprié consiste à maintenir son taux de sucre sanguin le plus normal possible. Cela peut être atteint grâce à la combinaison des facteurs suivants :

2.2.1 Le contrôle du poids

Une perte de poids chez le diabétique est associée à une réduction de la résistance à l'insuline, à une diminution à court terme du taux de glucoseset de lipides sanguin. Il est important de baisser et de maintenir son poids normal. Une perte de poids même modérée est associée à une amélioration de l'état de santé du patient.

2.2.2 L'activité physique

Les personnes diabétiques doivent avoir une activité physique régulière. Il n'est plus à démontrer les bienfaits d'un exercice physique régulier sur la santé. L'IDF recommande en moyenne trente minutes d'activités physiques modérées par jour(45). Le choix du type d'activité doit être soumis à l'aisance du patient. Quelques exemples d'activités physiques peuvent être la marche, le footing, la danse, la nage, le cyclisme, etc. Le type d'exercice et l'intensité doivent aussi être adaptés en fonction de l'âge et de l'état de santé du patient. Le patient peut en fonction de ses capacités augmenter la durée et l'intensité de son activité physique. L'intérêt d'une telle augmentation réside surtout dans la baisse et le maintien du poids corporel.

2.2.3 Les mesures diététiques destinées aux personnes diabétiques de type 2

Les patients diabétiques, du fait de leur glycémie élevée doivent adopter une alimentation saine en vue de la maintenir basse et stable. La stratégie nutritionnelle du sujet DT2 n'est pas la même que celle du sujet DT1, car le chez le patient DT2, elle vise à aussi à améliorer l'IMC, par la perte de poids, bien que l'objectif premier du traitement soit de stabiliser la glycémie.

Ainsi il est recommandé pour un patient DT2, d'avoir une alimentation équilibrée, comportant une part importante des glucides, des protéines et moins de matières grasses. Répartir la ration journalière en 3 repas et 3 collations, constituée d'environ 55% de glucides, moins de 35% de lipides et 15% de protéines. Il est préférable de consommer les glucides complexes qui ont un faible index glycémique. Réduire la consommation des sucres rapides. Pour ce qui est des matières grasses, privilégier les aliments ayant une teneur élevée en acides gras insaturés (mono et polyinsaturés), donc les graisses d'origine végétale, réduire la consommation des acides gras saturés et des acides gras trans. Pour les protéines, privilégier les viandes blanches comme le poulet, tout en le débarrassant de sa peau au préalable. Consommer beaucoup de poisson, mélanger les protéines animales et végétales.

Le patient diabétique doit avoir une alimentation très riche en fruits et en légumes, augmenter l'apport de fibres alimentaires.

Voici quelques gestes simples pour garder de bonnes habitudes alimentaires : manger à des heures précises, ne pas grignoter entre les repas, boire beaucoup d'eau, compter les différentes parts alimentaires dans chaque repas. Par exemple un doigt de banane moyenne peut être considéré comme une part.

En plus de l'alimentation, la consommation abusive d'alcool peut s'avérer compromettante pour la santé du diabétique.

2.2.4 L'arrêt de consommation de tabac

La consommation de tabac est associée à une augmentation de complications notamment cardiovasculaires chez le sujet diabétique.

2.2.5 La surveillance des complications

Le contrôle et la détection précoce des complications est un élément essentiel de la prise en charge du diabétique. Cela inclut une surveillance régulière des pieds et des yeux, un contrôle régulier de la tension artérielle et de la glycémie et une évaluation des risques de maladie cardiovasculaires et rénales

3 Méthodologie

3.1 Type d'étude

C'est une étude qualitative à visée descriptive et analytique. Il faut souligner que c'était des entretiens exploratoires.

L'étude a été réalisée au sein d'une population de diabétiques, pendant une période de temps bien définie. La phase descriptive consiste à décrire les caractéristiques de la population étudiée, à décrire les différents facteurs qui entravent une meilleure adhésion aux recommandations hygiéno-diététiques. La phase analytique consistera en la compréhension de l'interaction de dits facteurs sur la mauvaise observance des mesures diététiques et d'activités physiques. Nous avons fait le choix de l'entretien semi-structuré comme méthodologie d'enquête.

3.2 Cadre et durée de l'étude

L'étude s'est déroulée au Centre National d'Obésité (CNO), de l'Hôpital Central de Yaoundé. Le CNO est une structure dépendante du service d'endocrinologie et de maladies métabolique de l'Hôpital Central de Yaoundé du Cameroun. C'est une structure qui est investie dans la prise en charge des maladies chroniques :diabète, hypertension artérielle, obésité et autres. Le diabète est la maladie la plus traitée au sein du centre, car bien que nous n'ayons pas les chiffres pour le prouver, nous nous basons sur le témoignage de quelques praticiens avec qui nous nous sommes entretenus ; en plus du diabète de type 2, ce centre dispose de toute une unité de prise en charge du diabète de l'enfant. La structure est dotée de plusieurs services, entre autres les services de consultation, le service de diététique, le service de la prise en charge du diabète de l'enfant, le service de prise en charge du pied diabétique, un laboratoire d'analyse médicale, une salle d'exploration, une salle de conférences et une salle d'attente. Le centre est doté d'un nombre limité de personnels qualifiés, entre autres, trois spécialistes en endocrinologie, diabétologie et maladies chroniques, des médecins spécialisés en médecine interne, d'une diététicienne, des infirmiers spécialistes en prise en charge du diabète, d'un technicien de laboratoire. Le CNO accueille les patients venant des quatre coins du pays, de la ville comme ceux de la périphérie.

L'enquête s'est déroulée sur la période de Mai à Juillet 2012.

3.3 Population d'étude

Sont concernés par cette étude, les patients diabétiques de type 2 du CNO (HCY). Ce sont en général des patients adultes âgés d'au moins 20 ans, qui sont régulièrement suivis au CNO.

3.4 Critères d'inclusion

➢ Etre diabétique de type 2 âgé d'au moins 20 ans. Les sujets de moins de 20 ans ne sont pas considérés dans notre étude. Nous sommes descendu jusqu'à 20 ans en nous basant sur le fait que le diabète de type 2 touche de plus en plus les sujets jeunes ayant moins de 40 ans.(46).

➢ Etre sous régime alimentaire suivi par la diététicienne du Centre National d'Obésité depuis au moins 1 mois. Nous considérons les patients qui sont suivis régulièrement par la diététicienne du CNO, depuis au moins une période d'un mois. Nous considérons que cette période d'un mois peut être suffisante pour le patient, d'évaluer un certain nombre de difficultés relatives à l'observance des mesures hygiéno-diététiques.

3.5 Détermination du nombre de patients à inclure

Nous nous sommes basé sur deux aspects pour définir la taille de notre échantillon. La première raison c'est la disponibilité effective des patients. En effet, du fait de la durée de nos entretiens et en considérant que beaucoup de patients ne disposaient pas assez de temps à nous consacrer, nous avons eu un nombre réduit de patients. La deuxième raison découle du fait que nous nous sommes basé sur « le modèle de saturation », décrit par Kaufmann(47). En effet, nous avons considéré le caractère redondant des informations recueillies(48). Chaque information obtenue donnant lieu à une nouvelle interrogation jusqu'à ce qu'on ait pu puiser le maximum d'informations auprès du patient. Cela signifie que nous avons réalisé des entretiens avec des patients jusqu'à atteindre le point où les informations recueillis se répètent, nous décidons donc d'arrêter de recruter d'autres patients.

3.6 Recueil des données

Les données ont été recueillies au moyen d'un guide d'entretien[Annexe] et d'un magnétophone. Cette grille d'entretien comprenant, des questions ouvertes portant sur les caractéristiques sociodémographiques de la population cible, les perceptions et connaissances générales des patients vis-à-vis des mesures hygiéno-diététiques, les obstacles à la mise en pratique des mesures hygiéno-diététiques. Nous avons eu recours au carnet médical du patient pour recueillir certaines informations, notamment celles liées aux paramètres cliniques et biologiques du patient.

Les entretiens duraient en moyenne une trentaine de minutes chacun et étaient réalisés dans un cadre approprié.

3.7   Déroulement des entretiens

Lorsque le patient acceptait de nous accorder une attention, nous nous présentions, puis nous lui expliquions le but et les objectifs de notre étude. S'il était d'accord, nous lui demandions l'autorisation d'enregistrer la conversation, tout en lui rassurant que le contenu du dit entretien restera confidentiel. Quand il nous donnait son avis, nous allumions notre appareil numérique, puis nous débutions la conversation. S'il arrivait que des patients refusent de se faire enregistrer, nous devions tout simplement noter le maximum d'informations fournis par ce dernier, mais nous n'avons eu ce cas de figure. A la fin de l'entretien, nous remercions de patient de sa participation, puis nous le raccompagnions à l'extérieur.

3.8   Traitement et analyse des données

Les données ainsi collectées ont été traitées au moyen des logiciels Microsoft office (Word, Excel), et SPSS 19. Avec Word, nous avons retranscritles entretiens, Excel nous a permis de regrouper les caractéristiques sociodémographiques de la population étudiée, SPSS nous a permis de recueillir les données et de coder les variables. Après avoir retranscrit les dites informations, nous avons fait un traitement manuel, par encerclement pour pouvoir définir des champs qui apparaissaient de manière récurrente. Ces différents ont constitué les éléments qui nous ont permis d'axer notre argumentaire.

3.9   Considérations éthiques et réglementaires

Pour réaliser cette étude, nous avons eu besoin d'une autorisation de stage et d'enquête, délivrée par les autorités administratives compétentes de l'Hôpital Central de Yaoundé, de la permission du directeur du Centre National d' Obésité, pour mener à bien notre travail. Seuls ont été admis dans notre étude les patients qui ont accepté volontairement de participer à l'étude.

3.10   Description du parcours du patient diabétique au service diététique du CNO

Il est question de rappeler que beaucoup de patients diabétiques de type 2 qui sont pris en charge au CNO ont été diagnostiqués dans d'autres structures sanitaires et y sont référés pour une prise en charge efficace. Lorsque que le patient arrive chez la diététicienne du CNO, elle prend ses paramètres anthropométriques et consulte ses résultats biologiques, notamment la glycémie dont la prise est effectuée à chaque rendez-vous. Les paramètres anthropométriques qui sont généralement pris sont le poids, l'IMC, la tension artérielle, le tour de taille, le taux de graisse. La prise de tels paramètres permet de contrôler si le patient respecte les recommandations et permet de contrôler l'évolution de la maladie.

La diététicienne interroge le patient sur les difficultés qu'il rencontre pour mettre en pratique les recommandations, et ajuste au besoin les fiches alimentaires des patients. Il faut signaler que les prescriptions diététiques se font sur de fiches hebdomadaires que la diététicienne confectionne en tenant compte des habitudes alimentaires du patient. Elle tient aussi compte de l'état d'avancement de la maladie du patient. Cette fiche est ajustée au prochain rendez-vous c'est-à-dire environ trois semaines ou un mois après.

4   Résultats

4.1   Caractéristiques sociodémographiques de la population étudiée

Nous avons recruté en somme 34 patients qui présentaient des caractéristiques différentes.

4.1.1   Répartition selon le sexe

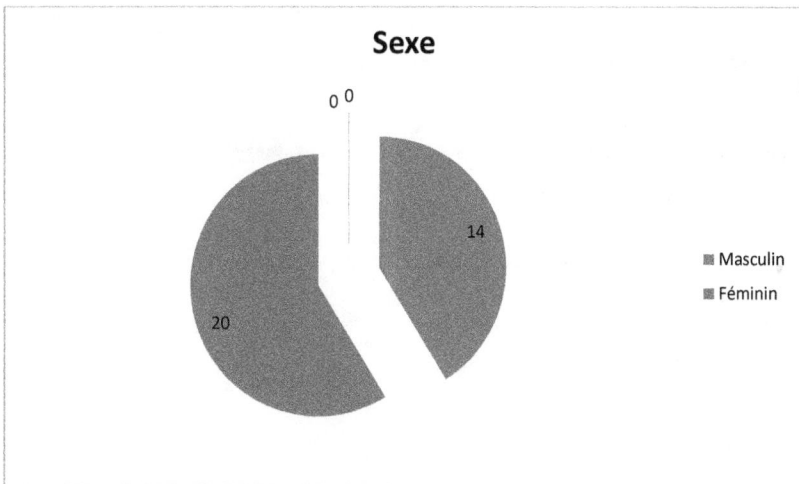

Figure 1: Répartition de la population selon le sexe

Sur les trente-quatre patients recrutés, environ 60% étaient des femmes et 40% étaient des hommes.

4.1.2   Répartition selon l'âge

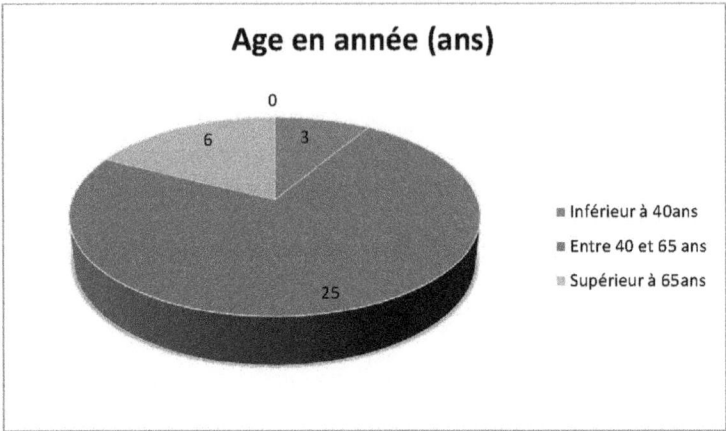

Age en année (ans)

- Inférieur à 40ans
- Entre 40 et 65 ans
- Supérieur à 65ans

Figure 2: Répartition de la population selon la tranche d'âge

Sur les trente-quatre patients, trois avaient moins de 40 ans, vingt-cinq avaient entre 40 et 65 ans, six étaient âgés de plus de 65 ans.

4.1.3 Répartition ethnique de notre population

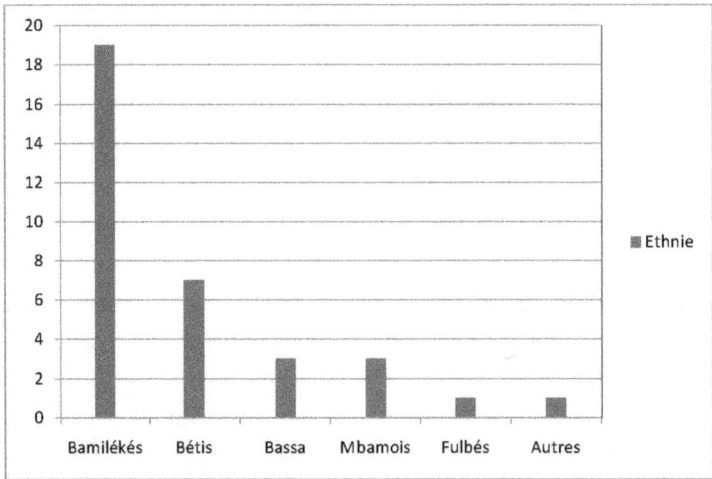

Figure 3: Répartition de la population selon l'appartenance ethnique

Notre échantillon était constitué de dix-neuf Bamilékés, l'ethnie majoritaire du pays, localisé principalement dans la région de l'ouest. On avait sept Bétis, groupe ethnique regroupant plusieurs sous-groupes répartis dans les régions Centre et Sud du pays. L'échantillon comprenait en outre un patient originaire de l'ethnie Fulbé, l'une desethnies représentées dans la région septentrionale du Cameroun. On notait aussi la présence de trois Bassas, troisMbamois originaire du Mbam dans la région du centre, et un patient de nationalité nigériane vivant au Cameroun.

4.1.4 Statut marital

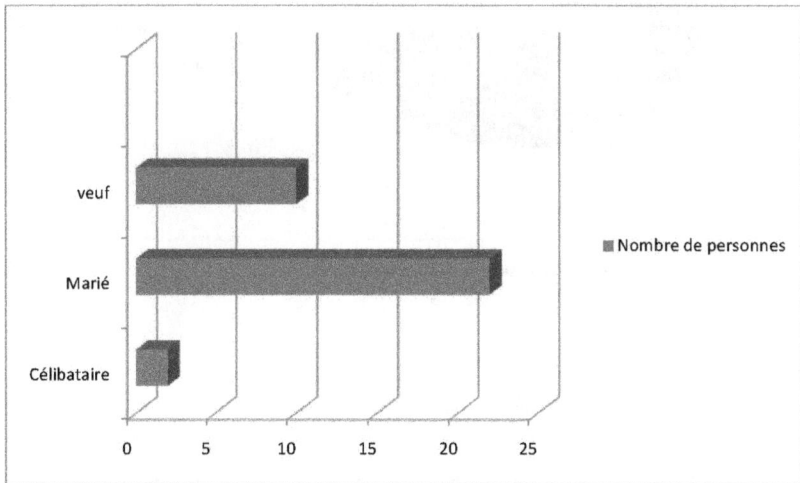

Figure 4: Répartition de la population selon le statut marital

Vingt-deux patients étaient mariés, dix étaient veufs et deux étaientcélibataires.

4.1.5 Statut professionnel

27

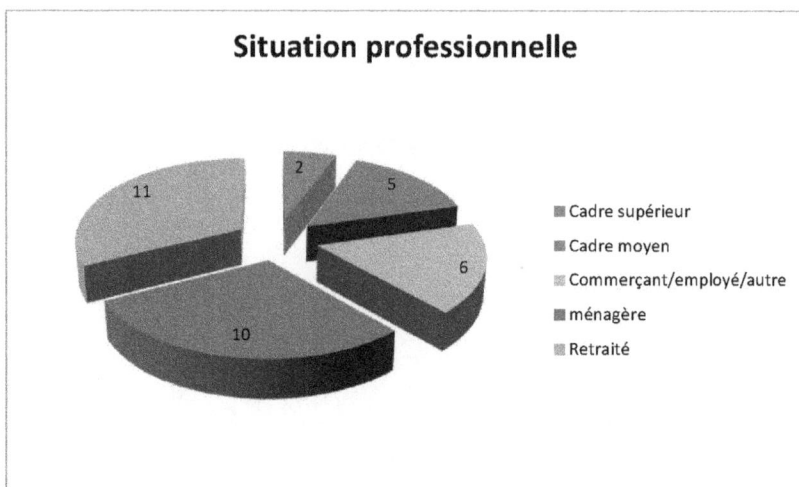

Situation professionnelle

- Cadre supérieur
- Cadre moyen
- Commerçant/employé/autre
- ménagère
- Retraité

Figure 5: Répartition de la population selon le statut professionnel

Notre échantillon était composé de cinq cadre supérieurs ; cinq cadres moyens, constitués de fonctionnaires moyens ; dix ménagères qui étaient des femmes dont l'activité essentielle se résumait à la gestion du ménage ; onze retraités, qui étaient des anciens fonctionnaires ou agents du secteur privé ; six commerçants et agents du secteur privé.

4.1.6 Niveau d'étude

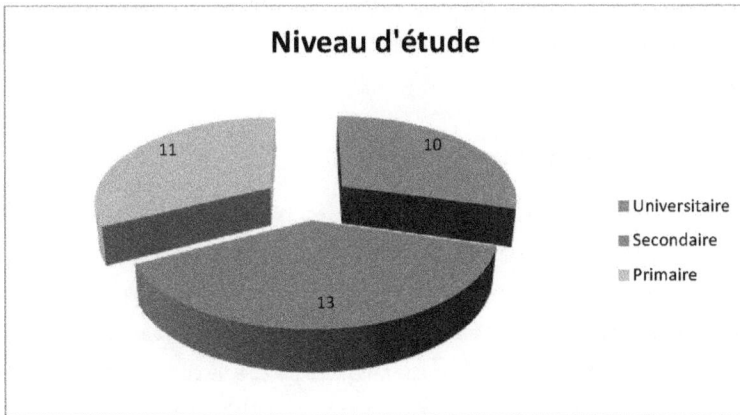

Niveau d'étude

11   10   13

■ Universitaire
■ Secondaire
■ Primaire

Figure 6: Répartition de la population en fonction du niveau d'étude

Onze patients avaient un niveau d'étude primaire, treize avaient un niveau d'étude secondaire et dix avaient un niveau d'étude supérieur.

4.1.7 Indice de masse corporelle

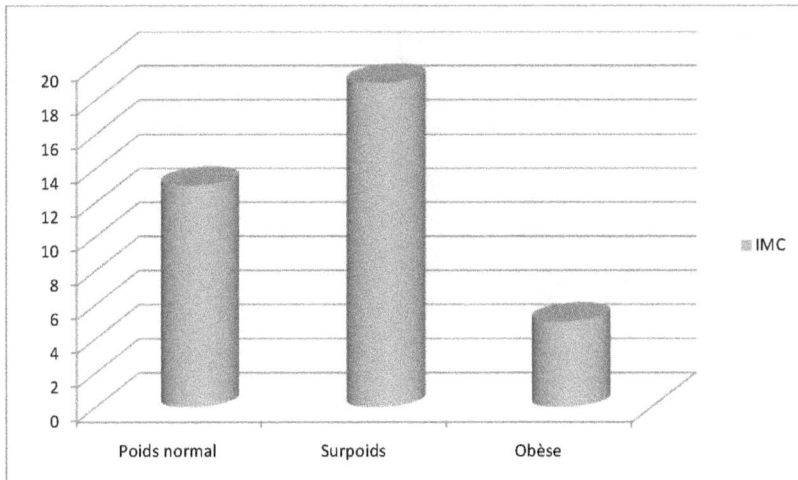

■ IMC

Poids normal   Surpoids   Obèse

Figure 7: Répartition de la population en fonction de l'indice de masse corporel

Sur les trente-quatre patients de notre échantillon, treize avaient un poids normal, c'est-à-dire un IMC compris entre 19 et 24 kg/m^2, douze étaient en surpoids dont l'IMC était compris entre 25 et 29 kg/m^2, cinq patients étaient obèses correspondant à une IMC>30 kg/m^2. Il faut noter qu'il y a eu des données manquantes chez quatre patients.

4.2   Circonstance de découverte de la maladie

Pour plusieurs patients, la découverte de la maladie s'est faite de manière fortuite. La patiente P5 déclare par exemple que : « j'urinais beaucoup environ 10 fois par nuit, je buvais beaucoup d'eau, et j'avais les pieds enflés. Je me suis rendu chez le médecin, il m'a prescrit des examens que j'ai réalisés, ensuite il a dit que j'avais le diabète. Je lui ai demandé comment cela pouvait arriver car je n'ai pas de diabétiques dans ma famille. Il m'a expliqué que c'était une maladie héréditaire, mais que cela pouvait commencer par moi ». Comme cette patiente, beaucoup de malades de notre étude ont appris la découverte de la maladie de façon brusque. Pour la patiente P10, après avoir ressenti les signes d'hyperglycémie (polyurie, polyphagie), elle s'est évanouie et a fait une semaine de coma, c'est à son réveil qu'on lui informe qu'elle est diabétique.

4.3   Connaissance de la maladie

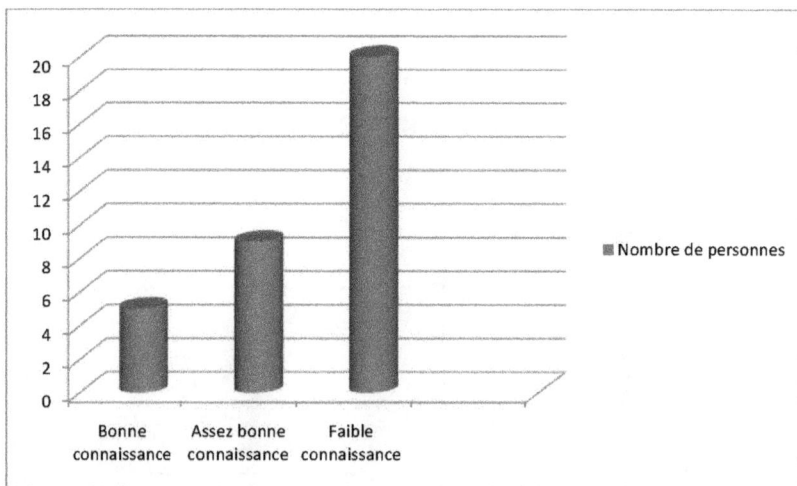

Figure 8: Répartition de la population en fonction du niveau de connaissance de la maladie

Nous avons évalué le niveau de connaissance des patients lors de l'entretien en les interrogeant sur la maladie, ses facteurs de risque et ses conséquences. Les questions sont mentionnées dans le guide d'entretien (en annexe).

4.4 Les obstacles liés à l'observance des mesures hygiéno-diététiques.

Tous les patients déclarent avoir des difficultés pour mettre en pratique les mesures hygiéno-diététiques. Ces problèmes étaient de divers ordres et plus ou moins variables, qu'il s'agisse de la diététique ou de l'activité physique. Nous pouvons regrouper ces obstacles en trois types de facteurs, à savoir les pesanteurs économiques, les facteurs socio-culturels et les facteurs individuels.

4.4.1 Les facteurs entravant la pratique des recommandations diététiques.

Nous avons relevé chez nos patients, les problèmes suivants :

1) Les contraintes économiques

La quasi-totalité des patients se plaignent du coût relatif à la prise en charge de la maladie. En effet, en plus des dépenses liées à la réalisation des examens et contrôles routiniers, à la prise du traitement médicamenteux, ces patients doivent aussi investir dans l'achat des aliments, afin d'adopter un régime alimentaire adéquat. Le patient P6, ancien cadre en retraite déclare : « A mon actif je gagnais près de 700 000 FCFA le mois, et depuis que je suis retraité, je gagne à peine 150 000 FCFA/mois, cela ne suffit même pas pour régler les factures (logement, eau, électricité), je compte sur les amis pour l'achat de certains médicaments, combien de fois pour suivre un régime alimentaire ».Les patients P6, P17 et P26 admettent déjà n'avoir pas assez de moyens pour nourrir leur famille en plus de ça ils doivent se prendre en charge nutritionnellement de façon particulière. Le patient P19 déclare : « ma petite famille et moi mangeons pas à notre faim et malgré ça on me demande de faire le régime ! C'est Dieu seul qui va me sauver ». Les moyens financiers constituent un réel obstacle pour tous les patients de mon étude.

2) Les contraintes professionnelles

Les patients révèlent que les occupations sociales et professionnelles constituent un frein majeur à une meilleure adhésion aux recommandations diététiques. En effet selon certains patients qui sont en situation professionnelle, il leur est difficile de respecter le nombre de repas par jour recommandé par les diététiciens et aussi souvent la qualité des repas qui leur sont servi en milieu professionnel n'est pas conforme aux normes de santé recommandées. Le patient P11 déclare : « lorsque je fais des déplacements professionnels, les repas qui sont servis dans les hôtels, ne sont pas adaptés à ma condition ». Le patient P13 qui est chauffeur de taxi non propriétaire, admet avoir des difficultés pour rentrer déjeuner chez lui à midi.

3) La modification des habitudes alimentaires culturelles

Les patients avant le diagnostic de la maladie avaient des habitudes alimentaires traditionnelles, conformes à leur culture. Des habitudes comme le fait de partager le même repas avec le reste de la famille, de manger très gras et/ou très salé, font partie de quelques difficultés qu'éprouvent les patients à changer. Ajouté à cela la qualité de leur repas du point de vue organoleptique ne satisfait pas du tout ces derniers. Certains patients déclarent en effet que leur nouvelle alimentation n'est pas facile à respecter du fait du goût qui a totalement changé. En plus des restrictions alimentaires, ils doivent s'adapter à la consommation des plats fades.Les patients P10, P16, P20 et P25 estiment que la qualité de leur alimentation est moins bien que celle avant la découverte du diabète. La patiente P4 se plaint des quantités très réduites des repas telles que prescrites par la diététicienne et déclare souvent augmenter les quantités pour pallier à la faim ressentie en permanence. Aussi certains patients évoquent qu'avant d'être au régime, ils mangeaient deux fois par jour, mais ils doivent respecter les trois repas par jour prescrit par la diététicienne. En plus, au niveau de la cellule familiale, ils sont parfois obligés de faire deux repas, dont un pour les autres membres de la famille et leur propre repas. Cela est d'autant plus difficile, surtout pour les femmes, car parfois elles sont tentées de goûter à l'autre repas. La patiente P1 déclare : « faire deux repas par jour n'est pas facile, surtout avec la pauvreté, en plus cela demande plus d'énergie ».

4) La disponibilité alimentaire

Cela est lié à la difficulté de trouver à certaines périodes comme en saison sèche, les fruits et les légumes sur le marché des villes de l'arrière-pays. Car il faut noter que parmi les patients de notre étude, plusieurs ne résidaient pas dans la cité capitale.

5) La lassitude face au traitement

La chronicité de la maladie et la durée du traitement, font que les patients en sont fatigués. La patiente P13 déclare : « il y a des périodes où je n'ai pas envie de manger les légumes, je me retrouve parfois en train de voler dans mon propre frigo ». Les patients P5, P11, P15, P21, P28, et P32 admettent n'avoir pas d'autres choix que de manger ce qui leur est conseillé par la diététicienne et avouent tricher de temps en temps.

6) L'environnement familial et social du malade

Dans les familles où on fait un repas unique pour toute la famille, le diabétique se trouve obligé de consommer avec tous les autres membres de la famille, le repas qui généralement n'est pas conforme aux recommandations. Aussi les hommes veufs, recrutés dans l'étude ont soulevé des difficultés liées à la confection de leur repas.

7) Une faible connaissance de bonnes pratiques nutritionnelles

Lorsque nous avons interrogé les patients sur leur connaissance en matière d'alimentation autorisée ou interdit lorsqu'on est diabétique, la plupart ont répondu en utilisant l'expression : « on m'a dit que je pouvais manger tel ou tel aliment, on m'a demandéde ne pas manger tel autre aliment, la diététicienne m'a demandé de manger tel ou tel chose... » Une discussion plus poussée a permis de relever beaucoup de lacunes sur leur connaissance en matière d'alimentation ou de nutrition.

8) Les fausses croyances, les préjugés et les tabous

Les préjugés et les tabous constituaient un élément favorisant la mauvaise adhésion aux recommandations hygiéno-diététiques chez les patients de notre étude. On a relevé que les fausses croyances en matière d'alimentation étaient très marquées chez certains patients, indépendamment de leur niveau d'instruction. Le patiente P14 déclare «on m'a dit que la Guinness (bière) du fait de son goût amère pouvait faire baisser la glycémie ». Une autre nous confie (patiente P33) « on m'a dit que j'avais trop de sucre dans le sang, raison pour laquelle je ne prends plus de sucre »

4.4.2 Les difficultés liées à la pratique de l'activité physique

1. L'âge

Sur les 34 patients recrutés, 32 avaient au moins 40 ans et seul 2 avaient moins de cet âge. Il est évident que à partir de cet âge, on n'a plus la même énergie et le même engagement que lorsqu'on à 15 ou 25 ans.

2. Le handicap physique

Du fait du handicap physique, plusieurs patients éprouvent des difficultés pour la mise en pratique des recommandations liées à l'activité physique. Il faut noter ici que plus de la moitié des patients sélectionnés pour notre étude avaient commencé à développer des complications. Ces complications sont généralement la neuropathie qui entraîne une insensibilité des membres inférieurs. Le patient P23 par exemple a subit une amputation, ce qui lui rend difficile la pratique de l'activité physique. Les patientes P3 et P5 se plaignent de douleur aux articulations lorsqu'elles font de la marche.

3. Le manque de temps

Plusieurs patients évoquent le manque de temps lorsqu'on les interroge sur ce qui les empêche de pratiquer une activité physique régulière. En effet certains évoquent comme raison les contraintes professionnelles. Le patient P6 admet avoir réellement commencé à pratique la marche lorsqu'il est allé en retraite. Le patient P11 confie que son agenda ne lui permet pas de respecter les 30 min, 3 fois par semaines au moins, de marche que lui a été conseillé.

4. Une absence de motivation

Le manque de réelle motivation constituait un motif important de la faible pratique de l'activité physique. Le patient P22 déclare en effet : « le médecin m'a demandé de pratiquer de la marche au moins 30min par jour, mais je ne suis pas assez motivé pour le faire, car dans le quartier où je vis, la route est tellement étroite que j'ai peur de me faire renverser par un véhicule et avec mon âge je ne plus fournir beaucoup d'effort ». Il faut noter que ce patient avait 68ans pendant l'enquête.

5. Le surpoids et l'obésité

Deux patientes en état d'obésité admettent être très essoufflée lorsqu'elles fournissent un petit effort.

La patient P20 déclare en effet : « lorsque je fournis un petit effort physique, je me sens très essoufflé », il faut remarquer que cette dernière a une IMC de 37 Kg/m^2.

5 Discussion

5.1 Aspects méthodologiques

5.1.1 Argumentaire sur le choix de l'entretien semi-structuré.

Les études qualitatives sont généralement utilisées en santé publique, en complément aux études quantitatives pour avoir une compréhension plus poussée des phénomènes socio-anthropologiques qui interagissent avec les problèmes de santé publique. Les techniques d'approche sont variées, mais en général, dans les enquêtes épidémiologiques, on utilise le « focus group »et le « face to face » (entretien individuel). L'avantage d'utiliser ces 2 techniques permet de recueillir l'information sous divers angles. Nous avons préconisé, dans le cadre de notre étude, d'utiliser l'entretien semi-structuré pour plusieurs raisons :

- ❖ Nous avons voulu rester dans le schéma type soignant-soigné. Nous voulions créer un certains climat de confiance autour du patient, l'amener à s'exprimer librement. Dans le cas d'un focus la présence des autres patients pouvait frustrer ce dernier et l'empêcher de se confier librement.
- ❖ Le cadre n'était pas idéal pour la réalisation d'un focus group. En effet comme dans beaucoup de pays en développement, le cadre de travail nous faisait défaut, l'espace qui nous avait été réservé ne se prêtait pas pour un tel entretien.
- ❖ L'indisponibilité des patients : le CNO, étant une structure de référence dans la prise en charge des pathologies chroniques, les patients viennent d'horizons diverses, parfois des périphéries du pays. Eu égard à tous ces aspects, et en tenant compte du facteur temps, il nous a été difficile de trouver au moins 5 patients disponibles en même temps. Ceux qui ont accepté de participer au focus group ne résidaient malheureusement pas dans la ville.

Après la collecte des informations, suivie de leur retranscription, nous les avons traitées de façon manuelle et nous les avons regroupés en plusieurs thèmes.

5.2 Les caractéristiques de la population

Dans notre population d'étude, on note plus de femmes que d'hommes. Est-ce à dire que les femmes sont plus malades que les hommes. Nous ne saurons affirmer cela, il n'est pas question ici d'une étude de prévalence, en plus l'approche qualitative employée ici ne peut permettre de tirer une telle conclusion. Nous pouvons essayer d'expliquer cela par le fait que les femmes feraient plus attention à leur état de santé que les hommes. C'est sans doute ce que révèlent les résultats d'une étude menée par l'INSEE, publiée en octobre 2002.(49). De même l'enquête sociale et de santé menée en 1998 au Québec a montré qu'il y avait des comportements liés à la santé et propre aux femmes. Ces comportements sont la prévention et le traitement des symptômes.(50,51).Il faut aussi noter que les hommes seraient plus motivés pour pratiquer l'activité physique que les femmes, ce qui est bénéfique pour la prévention des maladies chroniques comme le diabète.

En ce qui est de la tranche d'âge la plus représentative dans notre échantillon, on voit bien que les 40-65 ans sont majoritaires. Delphine Chaumartin avait aussi obtenu une grande représentativité pour cette tranche d'âge.(52). Cela montre bien que 40-65 ans constituent la tranche d'âge la plus touchée par le diabète de type 2.

On peut aussi remarquer que dans notre échantillon, il y a une forte représentativité de l'ethnie Bamiléké. Est-ce à dire que ces populations sont plus à risque que les autres ou alors est ce qu'ils sont plus enclins et plus disponible matériellement pour se faire suivre au CNO ? Nous ne saurons nous prononcer, cela pourrait faire l'objet d'une enquête épidémiologique utilisant la technique quantitative.

5.3   Connaissance de la maladie

Nous avons remarqué qu'une vingtaine de patients de notre étude avaient une faible connaissance de la maladie. Cela montre bien que le diabète comme toutes les MNT, est encore mal connu de la population. On a qu'à voir les circonstances de découverte de la maladie chez la plupart des personnes. Sa a été insidieuse. Cela confirme bien les statistiques fournis par l'IDF sur la prévalence du diabète non diagnostiqué des pays à faible revenu. (9). On peut expliquer cette faible connaissance par le caractère silencieux du diabète, qui justifie souvent le dépistage tardif avec l'apparition des complications. Aussi cela peut être dû à divers facteurs comme la faible sensibilisation de la population, le niveau d'éducation et le statut social de la population. L'autre facteur souvent mis en cause dans le contexte Africain est les préjugés. En effet, au Cameroun comme dans beaucoup de pays de l'Afrique Subsaharienne, on note encore malgré l'influence des progrès scientifiques sur le changement des mentalités, une forte influence des pesanteurs culturelles. Pour une grande partie de la population, le diabète comme les MNT sont des maladies de riches. Parfois la polyurie observée lors du diabète est vue comme un signe d'épuration de l'organisme. Le patient P6 de notre étude nous a confié qu'avant le diagnostic de la maladie, il s'était rendu chez un tradi-praticien qui lui a donné un produit qu'il devait consommer. Ce dernier après avoir pris le produit urinait beaucoup et lorsqu'il le signalait à son médecin traditionnel, ce dernier lui faisait comprendre que c'est son organisme qui est en train de libérer les déchets. C'est grâce au conseil d'un ami qu'il a pu se rendre à l'hôpital avant qu'on ne découvre qu'il était diabétique.Avec un taux de malnutrition (carentielle et protéo-énergétique) qui reste encore élevé, le surpoids et l'obésité restent encore un luxe et un signe de bonne santé. Il serait logique d'envisager une vaste campagne de sensibilisation sur tout le territoire Camerounais, à travers les stratégies IEC/CCC, afin de mieux informer la population sur la maladie, ses signes, ses facteurs de risques, ses conséquences et surtout les moyens de prévention. On devrait tout de même éviter de faire comme on l'avait avec le VIH SIDA, de faire peur à la population.

5.4   Facteurs entravant l'adhésion aux recommandations hygiéno-diététiques

5.4.1 Les contraintes socio-économiques

Le manque de moyens financiers constitue un réel obstacle pour les patients diabétiques de notre étude. En effet en plus d'être une maladie chronique, le diabète est malheureusement aussi une maladie sociale extrêmement coûteuse. Le coût très élevé est surtout dû au dépistage tardif avec l'apparition des complications. En Afrique subsaharienne, le double fardeau de la malnutrition constitue un facteur aggravant de la détérioration des conditions socio-économiques. On observe dans des familles des enfants souffrant de malnutrition carentielle ou protéo-énergétique, et des parents souffrant de maladies chroniques. Face à ce genre de situation, les parents considèrent souvent que la priorité est de s'occuper des enfants. Une patiente nous a confié qu'elle faisait face à des difficultés, au niveau du ménage pour assurer les besoins et pour se nourrir. Elle affirme que dans de telles circonstances, il lui est difficile de faire le régime alimentaire. Dans beaucoup de ménages, un seul parent assure la rentrée du revenu, généralement c'est le père. Parfois ce revenu est tellement minime qu'il ne parvient pas à satisfaire les besoins de base. Au Mali par exemple, une femme diabétique s'est vue répudiée par son mari parce qu'il en avait marre de s'occuper de son traitement.(53). C'est aussi le cas au Cameroun où beaucoup de patiente se sentent délaissées dans leur maladie. La situation est d'autant plus difficile lorsque la femme est veuve et qu'elle ne travaille pas. Une de nos patientes se plaignait de devoir s'occuper toute seule des enfants et de sa maladie depuis que son mari est décédé. La flambée des prix sur le marché des denrées alimentaires, depuis la crise alimentaire qu'a connue le Cameroun en 2008 n'a fait qu'empirer les choses. Les patients nous confient que la diététicienne leur a demandé de consommer des huiles végétales en particulier de colza, de soja et d'olive. Or sur les marchés camerounais, ces huiles ne sont pas à la portée du Camerounais moyen. L'huile la plus consommée et dont le prix reste abordable est l'huile de palme, bien qu'elle a connu d'importantes augmentations ces dernières années.

37

La patiente P3 nous confie ceci : « sur la grille hebdomadaire des aliments que la diététicienne m'a prescrit, il est inscrit que je dois faire le bouillon de poisson ou de viande au moins 3 fois par semaine, et je dois consommer beaucoup de légumes. Comment est-ce que je peux respecter cela alors qu'habituellement on mange le poisson ou la viande occasionnellement à la maison, en plus je n'ai pas de réfrigérateur ou je peux conserver cela si j'avais les moyens d'acheter. Et il y a des saisons où les légumes se font très rares sur le marché, et ça coûte cher ». Comme cette dernière, beaucoup de patient rencontrent d'énormes difficultés liées au manque de moyens financiers. Souvent les patients font face à un problème de rareté de certains produits alimentaires dans les grandes surfaces commerciales. Certaines patientes qui vivent en périphérie se plaignent de l'absence des aliments comme le poisson, les légumes et les fruits sur les marchés périphériques. Elles sont ainsi obligées de se déplacer vers la ville pour s'y procurer. Cela pose encore le problème des moyens financiers. Ce qu'il faut remarquer ici c'est qu'à la campagne il y a des périodes où on a une abondance de fruits et de légumes. Mais à cause de l'absence de moyens de conservation, les populations font face à une forte pénurie en période de soudure. La ville devient ainsi le seul lieu d'approvisionnement, car la demande y est forte et le pouvoir d'achat est important. Cette situation confirme bien les résultats de l'étude menée en 2012 au CNO par Ngassam et al(54). Dans cette étude, ils avaient évalué le coût mensuel de la prise en charge du patient diabétique de type 2 du CNO. Il ressort de cette étude que les dépenses totales mensuelles étaient estimées à environ 274,9 USD dont 113,1 USD étaient consacrés à l'alimentation. Etant donné les conditions de vie précaire de beaucoup de ses patients, c'est un vrai challenge d'y faire face.Salemi en 2008 en Algérie avait relevé les contraintes économiques comme facteurs influençant les pratiques alimentaires chez les diabétiques de type 2 à Oran(55).

Au vu de tout ce qui précède, il serait logique de faire un plaidoyer auprès des autorités, pour que le diabète soit considérer comme une maladie sociale, et qu'il y ait plus d'investissements dans la prévention et la prise en charge.On pourrait aussi faciliter la disponibilité et l'accès aux produits alimentaires de base, afin que le patient puisse bien adhérer aux recommandations hygiéno-diététiques

5.4.2 Les obstacles socio-culturels.

Ces contraintes constituent de véritables facteurs de la faible adhésion aux recommandations hygiéno-diététiques. Le statut professionnel empêche une réelle adhésion dans la mesure où il entrave un respect du nombre de repas journalier. En effet lorsque nous avons consulté la fiche hebdomadaire alimentaire de certains de nos patients, on s'est rendu compte qu'il leur était demandé de consommer 3 repas par jours avec des collations. Or très souvent le patient ne respecte pas le repas de midi lorsqu'il est au travail. Certains patients confient emmener leur repas au lieu de travail dans des thermos pour pouvoir le consommer à la pause de midi. D'autres déclarent consommer des fruits à l'heure de la pause. D'autres encore se rendent dans des restaurants sur place. Le problème avec les restaurants est que la nourriture n'est pas souvent adaptée à leur condition, car elle est très salée, trop grasse, bref inadéquate pour un régime. Mais pour des soucis d'efficacité, ces malades sont obligés de manger, car ne pouvant se rentrer chez eux déjeuner à cet instant. Ces mêmes problèmes sont relevés lorsque certains patients effectuent des voyages professionnels au cours desquels ils logent dans des hôtels. Il serait logique de mettre sur pied surtout au niveau des lieux de services, des restaurants qui font la promotion des plats diététiques, afin de permettre aux personnes souffrantes de mieux s'alimenter. L'une des patientes qui est étudiante et femme au foyer dit n'avoir pas souvent le temps de prendre un repas le matin avant de se rendre à l'école. Elle justifie cela par les multiples contraintes qu'elle a le matin (préparer les enfants pour l'école, faires de petits travaux de nettoyage). Une telle difficulté pourrait trouver une solution si dans l'éducation du patient à la maladie, on met l'accent sur la gestion rationnelle du temps, notamment en lui faisant comprendre que la maladie fait partie du vécu quotidien et qu'il devra composer avec.

Concernant les habitudes alimentaires culturelles, nous avons relevé leur influence énorme sur l'adhésion aux recommandations hygiéno-diététiques. En effet cette difficulté émane de l'obligation de préparer 2 repas, dont un pour le malade et un autre pour le reste de la famille. Cette nouvelle pratique pose plusieurs problèmes, dont celui des dépenses supplémentaires pour le ménage, le temps et le l'effort pour le faire. Généralement on observe un sentiment de lassitude chez le patient, les difficultés à consommer des plats fades, le regard compatissant des autres membres de la famille. Souvent aussi on note un déni de la maladie, ce qui entraine un désordre alimentaire chez le patient. Ce désordre alimentaire est exacerbé par une rupture de comportement alimentaire. Il faut remarquer que la diététique a tendance à considérer l'alimentation seulement dans son aspect physiologique, alors que l'acte de manger comporte d'autres dimensions. En Afrique par exemple le repas est souvent considéré comme un festin. C'est ce que Salemi soulignait dans son article (55).

L'autre aspect que nous pouvons relever aussi c'est qu'en Afrique, on ne mange pas à des heures fixes. Généralement on mange lorsqu'on a fini de préparer le repas. En plus on mange généralement en famille. Cette dimension culturelle pose souvent un grand problème pour des personnes qui suivent un régime alimentaire. Davous Huber Delphine faisait déjà allusion à l'influence des pratiques culturelles sur le respect des mesures hygiéno-diététiques(56). Certaines patientes nous ont confié que la diététicienne leur a demandé de ne pas manger après 19 heures. Cela signifie que le patient est exclu d'un moment de communion fraternel avec le reste de la famille. Il serait logique d'impliquer fortement la famille lors de l'éducation nutritionnelle du patient.

L'un des points importants du défaut d'observance hygiéno-diététique, c'est une faible connaissance en bonnes pratiques nutritionnelles. En effet les patients admettent avoir reçu des recommandations, mais ils ont des difficultés lors de la confection de leur repas. Il faut noter qu'au Cameroun comme dans beaucoup de pays en développement, il y a un manque relatif d'outils de quantification des portions alimentaires. Bien que la diététicienne utilise une technique adaptée au contexte, il n'est pas évident d'après les patients de respecter les consignes. Il serait nécessaire en plus de l'éducation nutritionnelle théorique du patient, de mettre sur pied une unité de diététique pratique, où les patients pourront facilement voire l'applicabilité des consignes reçus et mieux les répliquer à la maison.

5.4.3 L'impact du déséquilibre psycho-social sur les troubles de l'inobservance

Lors de l'entretien, certains patients se sont montrés particulièrement agressifs. Bien que nous ne puissions pas faire le lien entre les troubles de leur comportement et la maladie, nous pouvons néanmoins relever une attitude de culpabilisation de la nature et de la société. En effet, lorsque nous avons posé au patient P34 la question de savoir s'il avait des difficultés pour mettre en pratique les mesures hygiéno-diététiques, voici un extrait de sa réponse : « mais bien sûr que oui, vous croyez que quoi, je suis obligé de me comporter comme un mendiant, car il faut que je demande de l'aide à gauche et à droite pour pouvoir me soigner, alors qu'une maladie comme le VIH/SIDA, dont les gens en sont responsable eux même, est prise en charge gratuitement... » Ce patient nous a paru très perturbé durant l'entretien, et a même souhaité la mort plutôt que de subir toutes ces conséquences de la maladie. Une autre patiente nous a confié ceci : « avant ma vie était normale, je pouvais faire ce que je veux, mais depuis qu'on l'a découvert, ma vie ne ressemble plus à rien, c'est une sale maladie, mieux vaut avoir le Sida... » Ces situations traduisent un sérieux trouble du comportement chez ses patients, pouvant aller même jusqu'au déni total de la maladie. Au Cameroun comme dans beaucoup de pays en Afrique subsaharienne, on a moins recours à un psychologue. Le CNO, malgré son prestige de centre de référence, n'a pas de psychologue pour le suivi des patients. Or une maladie comme le diabète de par sa chronicité, nécessite aussi l'intervention d'un psychologue dans l'accompagnement du patient.

 Nous avons aussi noté un certain désespoir chez les patients veufs. En effet une patiente veuve affirme qu'avant la mort de sa mari, elle se rendait rarement à l'hôpital, car ce dernier était infirmier et prenait soin d'elle et de toute la famille.Mais depuis que ce dernier est décédé, elle a du mal à suivre les soins, en plus elle doit faire face à toute les charges de la famille, malgré son statut de ménagère. C'est ainsi que pour elle le régime alimentaire n'est pas une priorité, d'autant plus que la maladie ne guérit pas.

Bien que les praticiens du CNO, puissent apporter un certain accompagnement psychologique à leurs patients, cela reste très insuffisant d'abord parce que le temps de consultation est souvent très limité, ensuite ces soignants ne sont pas assez outillés pour cela. Il serait donc logique d'intégrer un suivi psychologique dans le parcours du patient diabétique.

5.4.4 Revue sur les obstacles entravant la pratique de l'activité physique

Pour les patients que nous avons recrutés dans notre étude, le manque de temps et de réelle motivation, est un facteur limitant à la pratique d'une activité physique régulière. En effet plusieurs patients se plaignent des contraintes professionnelles comme source de la faible pratique de l'activité physique. En plus les occupations du weekend ne facilitent pas vraiment les choses. Mais au fond, une analyse plus poussée de la situation porte à croire que le réel obstacle ici c'est le manque de motivation qui se caractérise par une mauvaise gestion du temps. MalekaSerour et al avaient aussi souligné dans leur étude le manque de temps comme facteur de la faible pratique d'activité physique(57).Les patients de notre étude, à cause de l'âge, ont reçu les recommandations de pratiquer de la marche au moins 30 min, 3 fois par semaine. Chez les ménagères, malgré parfois la proximité avec le marché, elles utilisent le plus souvent le taxi pour s'y rendre, à cause des soucis de temps. On constate malheureusement une fois de plus, qu'il y a un réel problème de sensibilisation. Il serait logique de mettre un accent sur l'information et la persuasion des patients pour une prise de décision et un changement de comportement.

Conclusion

Notre travail consistait à identifier les difficultés qui entravent l'adhérence aux recommandations hygiéno-diététiques chez les diabétiques de type 2 du Centre National d'Obésité de l'hôpital central de Yaoundé. Ensuite nous devions expliquer les mécanismes d'interférences de ses obstacles et montrer le lien de causalité entre le non-respect des dites recommandations et leur conséquences sur l'individu et la société.

Nous avons pu noter chez nos patients, les difficultés liées au coût, l'environnement social et familial, les contraintes professionnelles, l'influence des pratiques alimentaires culturelles, les problèmes liés aux disponibilités de ressources alimentaires, l'influence psycho-sociale de la maladie. Pour ce qui est des obstacles à la pratique de l'activité physique régulière, on a noté l'âge, le handicap physique, le manque de motivation et le manque de temps.

Le manque de moyens financiers constitue l'obstacle majeur de la faible adhérence aux recommandations hygiéno-diététiques. Le faible niveau de revenu des patients, la cherté de la vie, et la paupérisation sans cesse croissante expliquent en effet le phénomène. Le coût de la prise en charge globale est largement supérieur au revenu moyen de la plus part des patients. Le régime alimentaire pour diabétiques n'est pas à la portée du Camerounais moyen. De plus, les contraintes socio-professionnelles rendent difficile le respect de certaines recommandations, notamment le respect du déjeuner de midi et la qualité inadéquate de l'alimentation disponible sur les espaces publiques.

Au niveau familial, il se pose la nécessité de confectionner deux repas au lieu d'un seul comme d'habitude. Un tel changement impacte sur les relations familiales (le patient ne pouvant plus consommer aux mêmes heures et la même chose que le reste de la famille), il y a une augmentation des dépenses familiales, une réduction du budget destiné à la prise en charge des enfants, souvent on assiste à une séparation des conjoints, certains conjoints ne pouvant supporter les charges de plus en plus importantes.

Il a été aussi relevé des problèmes liés à la disponibilité des ressources alimentaires, notamment les fruits et les légumes en période de soudure. Cela impacte de façon significative sur l'observance des mesures hygiéno-diététiques.

On a noté également un problème d'utilisation de ressources alimentaires disponibles afin de concevoir un menu diététique. Ce problème d'utilisation est lié à un manque de connaissances pratiques chez les patients en matière de confection de menus diététiques. Les patients ne comprennent pas bien les menus qui leur sont prescris par la diététicienne et ont du mal à les appliquer.

Ensuite, on a noté des troubles du comportement chez certains patients dû à un déni de la maladie, et à des difficultés à faire face à la maladie et ses conséquences. De telles attitudes entrainent des troubles de l'observance aux recommandations hygiéno-diététiques.

Au vue de ces différents obstacles, nous constatons avec beaucoup de regret que les patients diabétiques de notre étude ne sont pas en sécurité alimentaire, car aucune des quatre dimensions de la sécurité alimentaire (disponibilité, accessibilité, utilisation et pérennisation de ces 3 premières dimensions dans le temps) n'est respectée. Cela nécessite des interventions sur chacune de ces quatre dimensions pour assurer une meilleure adhérence au régime diététique.

Parmi les difficultés liées à la pratique de l'activité physique régulière, nous avons souligné le poids de l'âge de la majorité de nos patients. Le diabète de type 2 encore appelé diabète de l'adulte apparait généralement à un âge où la personne n'a pas plus toute la vivacité et la force physique pour mener une activité physique. A cela, il y a des variables comme le manque de motivation qui agissent significativement. Le patient à un certain âge n'étant plus très motivé pour faire de l'exercice physique. D'autres causes comme les occupations socio-professionnelles ont des répercussions sur la motivation à la pratique de l'activité physique.

Cette étude souligne la nécessité d'une importante activité de sensibilisation sur la maladie, au sein de la population générale, surtout chez les jeunes adultes qui sont souvent enclins à des comportements à risque (habitudes alimentaires inadéquates, inactivité physique, consommation excessive de boissons alcoolisées…). Par ailleurs des interventions allant dans le sens de l'amélioration de l'observance aux dites recommandations seraient indiquées pour une réduction du taux de complications liées à la maladie.

Enfin d'autres études seraient nécessaires pour évaluer l'influence d'une bonne observance des mesures hygiéno-diététiques sur l'amélioration de l'état de santé des personnes vivant avec le diabète.

Recommandations.

Ces recommandations concernent l'amélioration de l'observance des mesures hygiéno-diététiques.

Jérôme Palazzolo, dans l'un de ses ouvrages a montré que la mise sur pied d'un schéma thérapeutique simple, une bonne information du patient, une relation bienveillante avec le prestataire de soins et l'implication de l'entourage familial dans la thérapie du patient concourent à une bonne observance(58).

Fort de cette analyse nous formulons les recommandations suivantes :

- ✓ Bien informer et éduquer le patient : il s'agit ici de bien lui expliquer sa maladie et la façon dont il devra se prendre en charge. Cela peut se faire par la relation singulière médecin- patient ou à travers des focus groups qu'on pourra organiser lors des contrôles routiniers. On pourra organiser des séances d'information à travers les associations de diabétiques. D'un point de vue pratique, des affiches pourront être élaborées avec des messages et des images qui pourront faciliter une meilleure compréhension de la maladie. On pourra étendre une telle initiative à l'ensemble de la population en général, par des campagnes de diffusion en langues nationales et locales, via les médias, tout en expliquant les facteurs de risque de la maladie, les signes cliniques qui l'accompagnent et les conséquences. On pourra ainsi présenter les centres de prise en charge, afin que toute personne qui ressentira des signes précurseurs puisse s'y rendre pour un diagnostic et une prise en charge.

- ✓ Promouvoir un changement de comportement : le changement de comportement concerne ici les habitudes alimentaires, la pratique de l'activité physique régulière, la consommation d'alcool et le tabagisme. Pour ce qui est des habitudes alimentaires, il faudra mettre sur pied au sein du CNO, une vraie politique nutritionnelle. Une telle politique devra prendre en compte les quatre dimensions de la sécurité alimentaire[10] tout en adaptant en fonction des réalités socio-culturelles de chaque patient. D'un point de vue pratique, l'accent pourra être plus mis sur l'aspect utilisation des aliments. Il s'impose ainsi la nécessité de création au sein du centre, d'une cuisine diététique, où seront organisés des ateliers de diététique pratique. Cela permettra aux patients de mieux appréhender les recommandations diététiques qui leur sont fournies de manière théorique. Les patients qui assisteront à de tels ateliers pourront mieux comprendre

---

[10] Les quatre dimensions de la sécurité alimentaire sont : la disponibilité physique de ressources alimentaires, l'accessibilité financière et matérielle, l'utilisation de telles ressources et la durabilité de ses 3 premiers éléments dans le temps.

leur fiche alimentaire hebdomadaire élaborée par la diététicienne et rencontreront moins de difficultés pour pouvoir l'appliquer chez eux. De tels ateliers culinaires diététiques pourront aussi être organisés via les associations de diabétiques.

Un changement de comportement en matière d'habitudes alimentaires peut aussi être incité au sein de la population en général. Il faut remarquer que l'alimentation pour diabétiques, qui est adaptée aux autres MNT, est aussi bien appropriée pour les personnes en bonne santé. En effet une bonne éducation nutritionnelle via les messages sur les méfaits d'une alimentation inappropriée, pourrait avoir une influence significative sur le changement de comportements. Une telle politique nutritionnelle pourrait faire la promotion des aliments locaux et réadapter en fonction des spécificités culturelles, les techniques culinaires.

Le changement de comportement en matière de pratique régulière de l'activité physique peut se faire par la mise sur pied au sein du CNO, d'une salle destinée à la pratique de l'activité physique. Un technicien médico-sportif ou un kinésithérapeute pourra orienter les patients dans le choix et l'adaptation à une activité physique. Une meilleure observance de la pratique de l'activité physique peut se faire via les associations de diabétiques. Les patients peuvent se réunir en groupes, en fonction de leurs lieux d'habitation et de leurs activités socio-professionnelles pour organiser des activités sportives hebdomadaires comme la marche, le footing, etc.

✓ **Forte implication de la famille** : l'environnement familial est sans doute le milieu dans le lequel le patient a le plus besoin de soutien pour faire face à la maladie et être mieux observant envers les recommandations thérapeutiques. L'approche consistera à améliorer l'adhérence du patient aux mesures hygiéno-diététiques, en suscitant un changement de comportement en matière d'habitudes alimentaires et de pratique d'activités physiques régulières chez tous les autres membres de la famille. On pourra ainsi organiser des thérapies de groupe, au sein des quels les familles des patients pourront participer (l'un des conjoints ou un autre membre). Ces thérapies de groupe permettront d'expliquer le rôle essentiel de la famille dans l'observance de son traitement et l'amélioration de son état de santé. La famille pourrait ainsi consommer les même repas que le patient et préviendrait ainsi le risque de développer les MNT.Un accompagnement familial s'avère aussi nécessaire pour la pratique régulière de l'activité physique. Les membres de la famille pourront ainsi au moins une fois par semaine (les weekends en particulier), accompagner le patient pour des séances de marche ou de footing.

✓ **Forte sensibilisation en milieu socio-professionnel** : des actions de sensibilisation à la maladie pourront être organisées en milieu professionnel, dans les hôtels et les lieux de restauration. Cela permettra à ces différents acteurs de confectionner en plus des plats habituels, des repas adaptés pour personnes diabétiques. On pourra ainsi en tant que patients consommer en toute quiétude dans les restaurations publiques et les hôtels.

✓ Intégration dans les associations de diabétiques : c'est en partageant les mêmes réalités avec les autres qu'on parvient souvent à surmonter certaines difficultés. Les diabétiques ont tout intérêt à être ensemble afin de mieux aborder leurs problèmes. Une difficulté ressentie par X peut avoir trouvé solution chez Y et vis-versa. Le soutien des uns et des autres peut être bénéfique pour une meilleure observance des mesures hygiéno-diététiques.

✓ Valorisation des aliments locaux : il s'agira ici de faire la promotion des aliments locaux, car le Cameroun possède une grande diversité alimentaire, mais les gens sont beaucoup plus intéressés par la consommation des produits importés. On pourra faire une valorisation des plats traditionnels. Cela nécessite une révision des méthodes culinaires pouvant permettre d'obtenir des plats adéquats pour une santé optimale.

Références

1. Perlemuter L, Collin de L'hortet G, Bougnères PF. Diabète et maladies métaboliques. Paris: Masson; 1995.

2. Ouchfoun M. Validation des effets antidiabétiques de Rhododendron groenlandicum, une plante médicinale des Cri de la Baie James, dans le modèle in vitro et in vivo: élucidation des mécanismes d'action et identification des composés actifs. 2011 [cité 7 févr 2013]; Disponible sur: https://papyrus.bib.umontreal.ca/jspui/handle/1866/5033

3. Sobngwi E, Mauvais-Jarvis F, Vexiau P, Mbanya JC, Gautier JF. Diabetes in Africans. Part 1: epidemiology and clinical specificities. Diabetes Metab. déc 2001;27(6):628-634.

4. American Diabetes Association. Diagnosis and Classification of Diabetes Mellitus. Diabetes Care. 20 déc 2012;36(Supplement_1):S67-S74.

5. Paquot N. Effets néfastes du defaut d'observance hygiéno-diététique et médicamenteuse chez le patient diabétique [Internet]. 2010 [cité 4 nov 2012]. Disponible sur: http://orbi.ulg.ac.be/handle/2268/90451

6. Charbonnel B, Bouhanick B, Le Feuvre C. Recommandations SFC/ALFEDIAM sur la prise en charge du patient diabétique vu par le cardiologue. DIABETES AND METABOLISM. [Internet]. 2004 [cité 8 févr 2013];30(3; SUPP/1). Disponible sur: http://www.ufcv.melody.fr/fre/content/download/659/4339/version/1/file/recos_sfc_alfediam.pdf

7. Laporte A. Recommandations: Prise en charge du diabète chez les personnes en grande précarité. Medecine et Nutrition. 2007;43(4):147-56.

8. Awah PK, Unwin N, Phillimore P. Cure or control: complying with biomedical regime of diabetes in Cameroon. BMC Health Serv Res. 25 févr 2008;8:43.

9. Diabetes Atlas 2012 Update: Out now! [Internet]. [cité 24 nov 2012]. Disponible sur: http://www.idf.org/diabetes-atlas-2012-update-out-now

10. Diabète non diagnostiqué [Internet]. [cité 31 oct 2012]. Disponible sur: http://www.idf.org/diabetesatlas/5e/fr/non-diagnostique?language=fr

11. OMS | Diabète [Internet]. WHO. [cité 8 nov 2012]. Disponible sur: http://www.who.int/mediacentre/factsheets/fs312/fr/index.html

12. OMS | Diabète: le coût du diabète [Internet]. WHO. [cité 8 nov 2012]. Disponible sur: http://www.who.int/mediacentre/factsheets/fs236/fr/index.html

13. Organisation for Economic Co-operation and Development. Health at a glance 2011 : OECD Indicators. [Paris]; Bristol: Organisation for Economic Co-operation and Development ; University Presses Marketing [distributor]]; 2011.

14. Economic costs of diabetes in the U.S. In 2007. Diabetes Care. mars 2008;31(3):596-615.

15. Wallemacq C, Van Gaal LF, Scheen A. Le cout du diabete de type 2: resume de l'enquete europeenne CODE-2 et analyse de la situation en Belgique. [Internet]. 2005 [cité 8 nov 2012]. Disponible sur: http://orbi.ulg.ac.be/handle/2268/10252

16. Delisle H, Agueh V, Fayomi B. Partnership research on nutrition transition and chronic diseases in West Africa – trends, outcomes and impacts. BMC International Health and Human Rights. 2011;11(Suppl 2):S10.

17. Hall V, Thomsen RW, Henriksen O, Lohse N. Diabetes in Sub Saharan Africa 1999-2011: epidemiology and public health implications. A systematic review. BMC Public Health. 2011;11:564.

18. Mbanya JC, Kengne AP, Assah F. Diabetes care in Africa. Lancet. 11 nov 2006;368(9548):1628-1629.

19. Gill GV, Mbanya J-C, Ramaiya KL, Tesfaye S. A sub-Saharan African perspective of diabetes. Diabetologia. janv 2009;52(1):8-16.

20. OMS | Cameroun [Internet]. WHO. [cité 23 févr 2013]. Disponible sur: http://www.who.int/countries/cmr/fr/

21. CAMEROUN - statistiques-mondiales.com - Statistiques et carte [Internet]. [cité 3 déc 2012]. Disponible sur: http://www.statistiques-mondiales.com/cameroun.htm

22. Indice de Développement Humain en Afrique [Internet]. [cité 3 déc 2012]. Disponible sur: http://www.statistiques-mondiales.com/idh_afrique.htm

23. Ministère se la Santé Publique Cameroun. Plan National de Développement Sanitaire (PNDS) 2011-2015 [Internet]. [cité 25 nov 2012]. Disponible sur: dev.cdnss.dros-minsante-cameroun.org/download/file/fid/3464

24. WHO | World Health Statistics 2012 [Internet]. WHO. [cité 24 nov 2012]. Disponible sur: http://www.who.int/gho/publications/world_health_statistics/2012/en/index.html

25. Sobngwi E, Mbanya J-C, Unwin NC, Porcher R, Kengne A-P, Fezeu L, et al. Exposure over the life course to an urban environment and its relation with obesity, diabetes, and hypertension in rural and urban Cameroon. Int J Epidemiol. août 2004;33(4):769-776.

26. Echouffo-Tcheugui J, Kengne A. Chronic non-communicable diseases in Cameroon - burden, determinants and current policies. Globalization and Health. 23 nov 2011;7(1):44.

27. Shaw JE, Sicree RA, Zimmet PZ. Global estimates of the prevalence of diabetes for 2010 and 2030. Diabetes Res. Clin. Pract. janv 2010;87(1):4-14.

28. Fezeu L, Fointama E, Ngufor G, Mbeh G, Mbanya J-C. Diabetes awareness in general population in Cameroon. Diabetes Res. Clin. Pract. déc 2010;90(3):312-318.

29. Scheen A, Giet D. Non-observance thérapeutique: causes, conséquences, solutions. [Internet]. 2010 [cité 8 nov 2012]. Disponible sur: http://orbi.ulg.ac.be/handle/2268/70194

30. ÉPIDÉMIOLOGIE, PRISE EN CHARGE ET COÛT DU DIABÈTE DE TYPE 2 EN FRANCE EN 1998 [Internet]. EM-Consulte. [cité 14 mars 2013]. Disponible sur: http://www.em-consulte.com/article/79820

31. Fournier C. L'éducation du patient. Laënnec. 2002;(1):15-24.

32. Nellessen E, Lancellotti P, Pierard LA. ADHÉSION AUX RECOMMANDATIONS POUR LA PRISE EN CHARGE DE L'INSUFFISANCE CARDIAQUE CHRONIQUE. RMLG. Revue médicale de Liège. 65(5-6):285-289.

33. Executive Summary: Standards of Medical Care in Diabetes--2013. Diabetes Care. 20 déc 2012;36(Supplement_1):S4-S10.

34. Fédération Internationale du Diabète Région Afrique. Guide de prise en charge du diabète de type 2 pour l'Afrique Sub-Saharienne [Internet]. 2007. Disponible sur: www.worlddiabetesfoundation.org/.../Type_2_CPG_French

35. La prévention du diabète sucre : rapport d'un groupe d'étude de l'OMS. Genève; 1994.

36. Guillausseau P-J. Le diabète non insulinodépendant. Montpellier: Éditions Espaces 34; 1995.

37. International Diabetes Federation, World Health Organization. Definition and diagnosis of diabetes mellitus and intermediate hyperglycemia. Geneve: WHO International diabetes federation; 2006.

38. Grimaldi A, Sachon C, Bosquet F. Les Diabètes : comprendre pour traiter. Cachan: Editions Médicales Internationales; 1995.

39. Types of diabetes [Internet]. [cité 24 nov 2012]. Disponible sur: http://www.idf.org/types-diabetes

40. Edelman SV. Type II diabetes mellitus. Adv Intern Med. 1998;43:449-500.

41. Le concept d'insulinosensibilité [Internet]. EM-Consulte. [cité 22 mars 2013]. Disponible sur: http://www.em-consulte.com/article/79996

42. Pierre Choukem S, Sobngwi E, Gautier J-F. Les particularités du diabète chez le sujet originaire d'Afrique noire. STV. Sang thrombose vaisseaux. 19(10):513-518.

43. Sobngwi E, Mauvais-Jarvis F, Vexiau P, Mbanya JC, Gautier JF. Diabetes in Africans. Part 2: Ketosis-prone atypical diabetes mellitus. Diabetes Metab. févr 2002;28(1):5-12.

44. Mbanya J-C, Ramiaya K. Diabetes Mellitus [Internet]. 2006 [cité 21 déc 2012]. Disponible sur: http://www.ncbi.nlm.nih.gov/books/NBK2291/

45. Management of diabetes [Internet]. [cité 2 mars 2013]. Disponible sur: http://www.idf.org/treatment-diabetes

46. Scheen A, Paquot N, Jandrain B. Comment j'explore... Le risque d'un patient d'evoluer vers un diabete de type 2. Revue Médicale de Liège [Internet]. 2002 [cité 15 janv 2013];57(2). Disponible sur: http://orbi.ulg.ac.be/handle/2268/12481

47. Kaufmann J-C. L'entretien compréhensif. 2e édition. Armand Colin; 2007.

48. Lonfils C, Nguyen T, Piette D. L'utilisation des données de la littérature dans les projets en éducation nutritionnelle : enquête qualitative. Santé Publique. 2005;17(2):281.

49. Aliaga C. Les femmes plus attentives à leur santé que les hommes [Internet]. 2011 [cité 2 févr 2013]. Disponible sur: http://www.epsilon.insee.fr/jspui/handle/1/416

50. Levasseur M. Perception de l'état de santé. Chapitre. 2001;12:259-71.

51. Clermont M, Lacouture Y. Orientation sexuelle et santé. La santé et le bien-être. 2001;219.

52. CHAUMARTIN D. ENQUETE AUPRES DE QUINZE PATIENTS DIABETIQUES DE TYPE 2: ETAT DE LEURS CONNAISSANCES ET ADHESION AUX MESURES HYGIENO-DIETETIQUES. [cité 2 janv 2013]; Disponible sur: http://www.urps-med-ra.fr/upload/editor/these_CHAUMARTIN_1265017545444.pdf

53. Gil Corre - Film documentaire - Le diabète, maladie en développement [Internet]. [cité 26 déc 2012]. Disponible sur: http://gil-corre.com/diabete.html

54. Ngassam E, Nguewa J-L, Ongnessek S, Foutko A, Mendane F, Balla V, et al. P318 Cout de la prise en charge du diabète de type 2 a l'hopital central de yaounde. Diabetes & Metabolism. mars 2012;38, Supplement 2:A105.

55. Salemi MO. Comportements et pratiques alimentaires des diabétiques Essai d'analyse socio anthropologique. [cité 22 mars 2013]; Disponible sur: http://sfer-12-2008.cirad.fr/content/download/2416/21183/file/A3%20-%20SALEMI.pdf

56. Davous Huber D. Obstacles culturels à la médecine occidentale. Laennec. 2004;52(1):38.

57. Serour M, Alqhenaei H, Al-Saqabi S, Mustafa A-R, Ben-Nakhi A. Cultural factors and patients' adherence to lifestyle measures. Br J Gen Pract. 1 avr 2007;57(537):291-295.

58. Palazzolo J. Observance médicamenteuse et psychiatrie. Paris: Elsevier; 2004.

Liste des illustrations

Liste des figures

Liste des tableaux

Glossaire

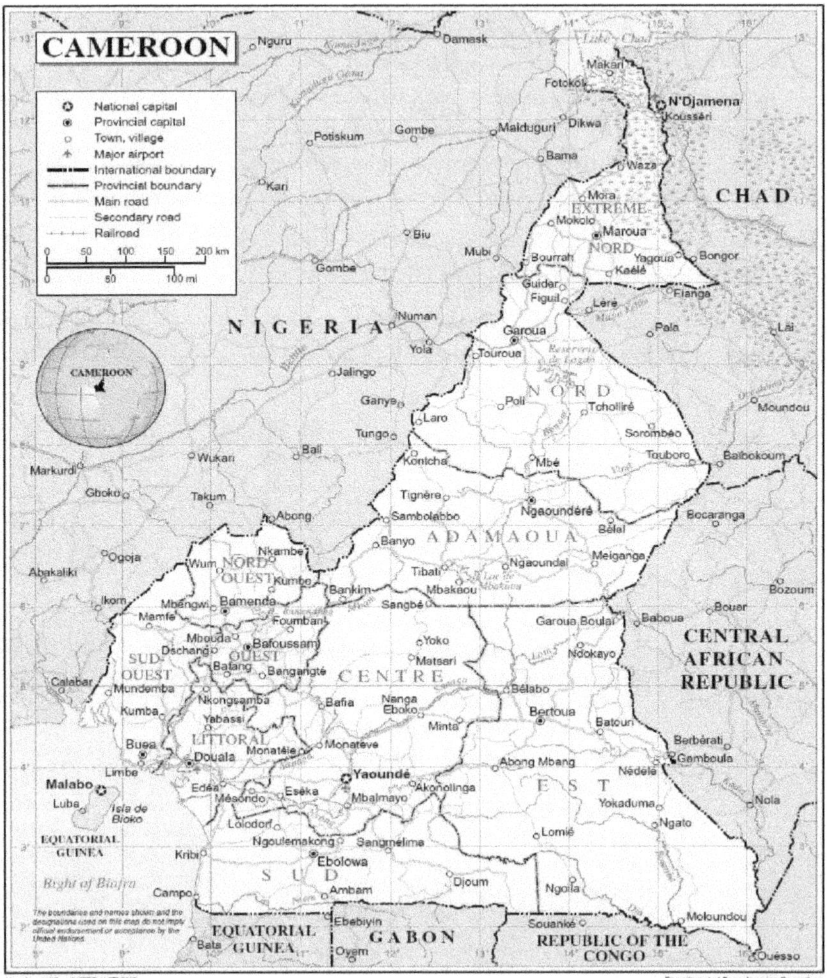

Map No. 4227 UNITED NATIONS
September 2004

Department of Peacekeeping Operations
Cartographic Section

Figure 9: Carte du Cameroun

Annexes

Bonjour, Je suis étudiant en cycle Master Professionnel en Développement, Master en santé spécialité politiques nutritionnelles à l'université Senghor d'Alexandrie en Egypte.

L'entretien auquel vous avez accepté de participer me permettra de réaliser mon mémoire de Master.

Tout d'abord, je voudrai vous remercie d'accepter de participer à ce travail.

Vos noms, prénoms et coordonnées resteront confidentiels et ce que vous me direz restera « entre nous » dans le cadre du secret médical. Votre médecin traitant n'aura pas connaissance de ce que vous m'aurez dit. Je ne pourrai pas noter tout ce que nous allons nous dire. J'aurai besoin d'enregistrer l'entretien pour travailler dessus par la suite. M'autorisez-vous à le faire?

Le but de cette étude est d'évaluer les difficultés que vous rencontrez dans la pratique quotidienne des mesures hygiéno-diététiques prodiguées par vos médecins et/ou votre diététicienne.

Questions d'ordre général

Pourriez-vous me préciser quelques informations d'ordre général?

Tout d'abord, puis-je vous demander votre âge? …………

Acceptez-vous de me donner votre :

- Taille :
- Poids :
- Tour de taille :
- Tour de hanche :
- Masse grasse :
- Glycémie jeun :
- Pression artérielle :
- Quel est votre Taux d'HbA1c :

➢ Quel est votre situation matrimoniale ?

Situation matrimoniale	Célibataire	Marié (e)	En concubinage	Divorcé	Autre

> Acceptez-vous de me dire quelle est votre profession ?

Profession	Cadre	Employé	Fonctionnaire	Ménagère	Autre

> Avez-vous des activités parallèles ? si oui lesquelles ?

> Etes-vous d'accord de me préciser votre niveau d'étude le plus élevé ?

Niveau d'étude	Primaire	Secondaire	Universitaire

> Quelle religion pratiquez-vous ?

> A quelle ethnie appartenez-vous?

> En quelle année a-t-on découvert que vous étiez diabétique ?

> Est-ce que vous pouvez me décrire les circonstances ayant accompagnés cette découverte ?

> Est-ce que l'annonce de la maladie vous a obligé à modifier vos habitudes alimentaires et vos activités ?

> Pensez avoir des complications ? si oui lesquelles ?

> Souffrez-vous d'autres maladies? Si oui, lesquelles?

☐HTA

☐Hypercholestérolémie

☐Autres

> Est-ce que vous fumez ?

	Oui	Non
Tabac		

> Prenez-vous de l'alcool ? si oui quel type et à quelle dose ?

Connaissance de la maladie

➢ Pouvez-vous dire ce que c'est que le diabète ?

➢ Quel en est la cause d'après vous ?

➢ Quelles peuvent être les conséquences selon vous ?

Bonne connaissance	Assez bonne connaissance	Faible connaissance

Alimentation et diététique

➢ Êtes-vous sur régime alimentaire ?

➢ Qui cuisine pour vous à la maison ?

➢ Connaissez-vous les aliments autorisés sans limitation lorsque l'on est atteint de diabète?

- Non

- Oui

☐Lesquels : ...

☐En consommez-vous? Lesquels?

☐Nombre de fois par jour, par semaine...

(Si besoin demander : Qu'avez-vous mangé hier ?)

➢ Connaissez-vous les aliments autorisés avec restriction lorsque l'on est atteint de diabète?

- Non

- Oui

☐Lesquels : ...

☐En consommez-vous? Lesquels?

☐Nombre de fois par jour, par semaine...

➢ Les mêmes questions seront posées pour les boissons

➢ Combien de fois mangez-vous par jour ?

Moins de 3 fois/jour	3 fois/jour	Plus de 3 fois/jour	3fois/jour + collations

> ➢ Est-ce que vous mangez à des heures précises ?
> ➢ Parmi vos trois repas de la journée quel est celui qui est le plus copieux ?
> ➢ Consommez-vous souvent des fruits au quotidien ? si oui quel type de fruit et combien en consommez-vous par jour ?

Activité physique

> ➢ Pratiquez-vous une activité physique ?
> ➢ Si oui laquelle et à quelle fréquence ?
> ➢ Pensez vous qu'il est bénéfique pour vous de pratiquer une activité physique ?
> ➢ Selon vous qu'est ce qui peut empêcher de pratiquer l'activité physique de façon régulière ?

Difficultés de la mise en pratique des mesures hygiéno-diététiques

> ➢ Avez-vous des difficultés dans la pratique des conseils alimentaire et sportif au quotidien ?
> ➢ Si oui : pourquoi? (Questions plus précises si besoin : Y a-t-il autre chose qui fait que c'est difficile ? Le coût est-il un obstacle ? et votre profession ? Avez-vous une lassitude par rapport à la maladie ?)

Difficultés liées à la pratique des conseils	Cout	Profession	Vie familiale	Contraintes trop importante	Lassitude	Repas préparé par une personne que vous	Handicape physique	autres

> ➢ Avez-vous des sollicitations particulières pour une bonne observance des mesures hygiéno-diététiques ?

Si oui lesquelles et sous quelle forme ?

Durée de l'entretien ....

Date de l'entretien ....

www.ingramcontent.com/pod-product-compliance
Lightning Source LLC
Chambersburg PA
CBHW021608210326
41599CB00010B/652